Canon EOS M

HANDBUCH

KAMERA

Michael Hennemann

Canon EOS M

PEARSON

Bibliografische Information der Deutschen Nationalbibliothek
Die Deutsche Nationalbibliothek verzeichnet diese Publikation in der Deutschen
Nationalbibliografie; detaillierte bibliografische Daten sind im Internet
über <http://dnb.dnb.de> abrufbar.

Die Informationen in diesem Produkt werden ohne Rücksicht auf einen
eventuellen Patentschutz veröffentlicht.
Warennamen werden ohne Gewährleistung der freien Verwendbarkeit benutzt.
Bei der Zusammenstellung von Texten und Abbildungen wurde mit größter
Sorgfalt vorgegangen.
Trotzdem können Fehler nicht vollständig ausgeschlossen werden.
Verlag, Herausgeber und Autoren können für fehlerhafte Angaben
und deren Folgen weder eine juristische Verantwortung noch
irgendeine Haftung übernehmen.
Für Verbesserungsvorschläge und Hinweise auf Fehler sind Verlag und
Herausgeber dankbar.

Alle Rechte vorbehalten, auch die der fotomechanischen Wiedergabe und der
Speicherung in elektronischen Medien.
Die gewerbliche Nutzung der in diesem Produkt gezeigten Modelle und Arbeiten
ist nicht zulässig.

Fast alle Hardware- und Softwarebezeichnungen und weitere Stichworte und
sonstige Angaben, die in diesem Buch verwendet werden, sind als eingetragene
Marken geschützt. Da es nicht möglich ist, in allen Fällen zeitnah zu ermitteln,
ob ein Markenschutz besteht, wird das ®-Symbol in diesem Buch nicht verwendet.

10 9 8 7 6 5 4 3 2 1

15 14 13

ISBN 978-3-8273-3224-0

© 2013 by Pearson Deutschland GmbH,
Martin-Kollar-Straße 10–12, 81829 München/Germany
Alle Rechte vorbehalten
www.pearson.de
A part of Pearson plc worldwide
Lektorat: Jürgen Bergmoser, jbergmoser@pearson.de
Fachlektorat: Karl Günter Wünsch
Fotos: Michael Hennemann (wenn nicht anders angemerkt)
Korrektorat: Marita Böhm
Herstellung: Claudia Bäurle, cbaeurle@pearson.de
Einbandgestaltung: Marco Lindenbeck, m.lindenbeck@webwo.de
Satz: Cordula Winkler, mediaService, Siegen (www.mediaservice.tv)
Druck und Verarbeitung: Dimograf, Bielsko-Biala
Printed in Poland

Liebe Leserin, lieber Leser,

lange hat Canon mit dem Einstieg in das Segment der spiegellosen Kameras mit Wechselobjektiven gewartet. Nach vielen Gerüchten und endlosen Spekulationen war es dann zum 25-jährigen Jubiläum des EOS-Systems aber endlich so weit, und im Herbst 2012 präsentierte Canon die EOS M.

Canon beginnt die neue Kameraklasse mit einem Gehäuse (lieferbar in den vier Farben Schwarz, Rot, Weiß und Grau), einem 3-fach-Zoomobjektiv, einer lichtstarken Weitwinkel-Festbrennweite, einem Adapter zum Anschluss der Canon-DSLR-Objektive sowie einem kompakten Aufsteckblitz.

Im Inneren der EOS M werkelt viel bewährte Technik aus Canons sehr beliebter Spiegelreflexkamera EOS 650D. Besonders zu erwähnen ist dabei der große 18-Megapixel-Bildsensor im APS-C-Format – so bekommen Sie mit der EOS M eine sehr kompakte Kamera, die man (fast) immer dabeihaben kann, und eine Bildqualität auf Spiegelreflexniveau.

Durch den üppigen 3-Zoll-Touchscreen erfolgt die Bedienung intuitiv: Menüpunkte lassen sich einfach auf dem Monitor antippen, mit zwei Fingern kann man in Bilder hinein- und hinauszoomen, wie man es von Smartphones gewohnt ist, und mit einem Fingertipp wählen Sie bequem den Bereich aus, auf den der Autofokus scharf stellen soll.

Trotz aller Bedienerfreundlichkeit: Der Funktionsumfang der EOS M ist erdrückend, und nicht alles erschließt sich auf den ersten Blick. Hier hilft Ihnen dieses Buch mit vielen praktischen Tipps und Tricks rund um Ihre Canon EOS M weiter. Sie lernen Ihre Kamera Schritt für Schritt kennen und entdecken, welche Einstellungen für die unterschiedlichsten Motive von der Porträtaufnahme über die Landschaftsfotografie bis hin zu Makrobildern zu besseren Fotos führt. Natürlich zeige ich Ihnen auch, welche Investition für zusätzliches Zubehör sich lohnt, wie Sie die Bilder am Computer noch weiter verbessern können und wie Sie mit der EOS M Videos drehen, denn das kann sie selbstverständlich auch, und zwar in Full HD und mit Stereoton!

Ich wünsche Ihnen viel Freude mit der Canon EOS M und diesem Buch und hoffe, dass Sie auf den folgenden Seiten viele Tipps und Anregungen für tolle Bilder finden.

Einen vollen Akku, immer etwas Platz auf der Speicherkarte und natürlich „Gut Licht" wünscht

Ihr Autor Michael Hennemann

Inhaltsverzeichnis

Kapitel 1 — Die EOS M kennenlernen 9

- Den Akku laden 10
- Eine Speicherkarte einsetzen 13
- Ein Objektiv ansetzen 19
- Die wichtigsten Bedienelemente der EOS M auf einen Blick 22
- Schritt für Schritt zum ersten Bild 26

Kapitel 2 — Die Belichtung 33

- Fotografieren mit der Kreativ-Automatik 34
- Sorglos fotografieren mit den Motivbereich-Modi 39
- Belichtung: das magische Dreieck aus Belichtungszeit, Blende und ISO-Wert 47
- Die Kreativ-Programme: fotografieren statt knipsen 58
- Die Methoden der Belichtungsmessung 73
- Die Belichtung mit dem Histogramm überprüfen 79

Kapitel 3 — Scharfstellen mit und ohne Autofokus 83

- So arbeitet der Autofokus 84
- So fotografieren Sie mit dem Autofokus 86
- Die Schärfe nach der Aufnahme kontrollieren 89
- Die AF-Methode 91
- Die AF-Betriebsarten 97
- Manuell fokussieren 99

Kapitel 4 — Die Grundeinstellungen 105

- Das Kameramenü 106
- Die beiden Schnelleinstellungsbildschirme 108
- Die wichtigsten Einstellungen auf einen Blick 111

Kapitel 5 — Erweiterte Funktionen 141

- Automatische Korrektur von Helligkeit/Kontrast 142
- Korrektur von Abbildungsfehlern 146
- Rauschreduzierung 149
- Sensorreinigung 156
- Fotografieren mit Blitzlicht 158
- My Menu: die EOS M individualisieren 168

Kapitel 6 — Praxistipps für bessere Fotos 173

- Landschaften 174
- Panoramaaufnahmen 177
- Lichtstimmungen einfangen 182
- Kreative Langzeitbelichtungen 184
- Eine Frage von Format: hochkant oder quer? 186

Oft wichtiger als das große Ganze: Details einfangen 188
Farben 189
Perspektive 192
Nahaufnahmen 193

Kapitel 7 — Praktisches Zubehör 197

Objektive 198
Canon EF-M 18-55 1:3,5-5,6 IS STM 199
Canon EF-M 22mm 1:2 STM 202
GPS-Empfänger GP-E2 206
Stativ 215
Fernauslöser 217

Kapitel 8 — Das Wiedergabe-Menü 221

Die Möglichkeiten der Bildwiedergabe 222

Kapitel 9 — Bildbearbeitung in der Kamera und Fotodirektdruck 243

Kreativfilter 244
Nachträglich die Größe ändern 253
Fotos direkt drucken 254
Einen Druckauftrag für mehrere Fotos anlegen 262

Kapitel 10 — Video 267

Der erste Film 268
Die grundlegenden Einstellungen für Videoaufnahmen 270
Videoschnappschuss-Modus 272
Besser filmen mit der EOS M 275
Nach der Aufnahme 277

Kapitel 11 — Canon-Software 281

Die Programme von der beiliegenden DVD 282

Glossar 295

Index 302

Kapitel 1
Die EOS M kennenlernen

Herzlichen Glückwunsch zur neuen Kamera. Sicher brennen Sie darauf, Ihre Canon EOS M gleich in der Praxis auszuprobieren. Im ersten Kapitel erfahren Sie daher kompakt und übersichtlich, mit welchen Schritten Sie Canons neue Systemkamera für den ersten Fotospaziergang startklar machen.

Den Akku laden

Wie jede Digitalkamera ist auch die EOS M auf eine Stromquelle angewiesen. Zum Einsatz kommen dabei Lithium-Ionen-Akkus vom Typ LP-E12.

Direkt nach dem Kauf ist der Akku nicht komplett geladen. Um die volle Kapazität des Akkus zu nutzen und um möglichst viele Fotos damit aufnehmen zu können, sollten Sie ihn vor dem ersten Einsatz daher unbedingt vollständig aufladen:

◾ *Der Akku wird mit einer Schutzabdeckung ausgeliefert, die Sie zunächst entfernen müssen. Bewahren Sie die Kappe gut auf und benutzen Sie sie, wenn Sie den Akku außerhalb der Kamera aufbewahren.*

Ein Akku verliert selbst dann Energie, wenn Sie die EOS M gar nicht benutzen. Haben Sie die Kamera längere Zeit nicht verwendet, sollten Sie den Akku unbedingt kurz vor der nächsten Fototour vollständig aufladen.

1 Die EOS M wird ohne eingesetzten Akku ausgeliefert. Entnehmen Sie daher zunächst den Akku aus seiner separaten Verpackung und entfernen Sie die Schutzabdeckung von den Kontakten.

2 Legen Sie den Akku in das Ladegerät. Achten Sie dabei darauf, dass die Pfeilmarkierungen von Ladegerät und Akku übereinstimmen.

3 Die EOS M wird mit zwei unterschiedlichen Ladegeräten ausgeliefert:

Beim Ladegerät vom Typ LC-E12 ist der Netzstecker auf der Rückseite integriert: Klappen Sie daher die Kontakte in Pfeilrichtung aus.

Schließen Sie das Model LC-E12E mit dem Netzkabel an die Steckdose an.

Den Akku laden

4 Der Aufladevorgang beginnt automatisch und wird durch das orange leuchtende Lämpchen „Charge" am Ladegerät signalisiert.

5 Sobald der Akku vollständig geladen ist, leuchtet die grüne Lampe „Full", und Sie können den Akku wieder aus dem Ladegerät entnehmen.

Die erforderliche Ladezeit hängt entscheidend vom ursprünglichen Ladezustand des Akkus, aber auch von der Umgebungstemperatur ab. War der Akku ganz leer, so dauert die Aufladung bei Raumtemperatur etwa zwei Stunden. Bei sehr geringen Temperaturen unter 10 °C wird zur Sicherheit langsamer geladen, und die Aufladung kann bis zu vier Stunden in Anspruch nehmen.

Der Akkulader LC-E12E wird per Netzkabel angeschlossen. Der Ladevorgang wird durch farbige Leuchten angezeigt.

Achten Sie stets auf einen ausreichend geladenen Akku, ansonsten laufen Sie Gefahr, das ein oder andere stimmungsvolle Motiv zu verpassen. 18 mm, 1/80 Sek., f 5.6, ISO 100

Ist der Akku vollständig geladen, können Sie ihn in die EOS M einsetzen:

1 Schieben Sie dazu die Verriegelung des Akkufachs auf der Kameraunterseite nach außen, um es zu öffnen.

2 Legen Sie nun den Akku mit den Kontakten voran in die Kamera ein. Das Canon-Logo muss dabei zur Kameravorderseite in Richtung Objektiv zeigen.

➡ Schieben Sie den Akku so weit in das Fach, bis der graue Kunststoffbügel arretiert.

3 Drücken Sie den Akku leicht nach unten, bis er hör- und spürbar einrastet und von der kleinen grauen Akkufachverrieglung sicher gehalten wird.

4 Schließen Sie die Akkufachabdeckung.

Ob der Autofokus das Objektiv scharf stellt oder Sie auf dem Kameradisplay die neuen Fotos betrachten – jede dieser Aufgaben benötigt Energie. Mit einem voll aufgeladenen Akku können Sie etwa 230 Fotos oder rund 90 Minuten Video aufnehmen.

Die exakte Lebensdauer des Akkus hängt dabei sowohl von den Kameraeinstellungen als auch von der Temperatur ab. Ist es sehr kalt, geht der Akku deutlich schneller zur Neige als bei Raumtemperatur.

Ein Ersatzakku ist zwar nicht ganz billig, aber in jedem Fall eine sinnvolle Investition. Nichts ist ärgerlicher, als ein tolles Foto zu verpassen, nur weil die Kamera mangels ausreichender Energie den Dienst quittiert.

Eine Speicherkarte einsetzen

Um mit dem Fotografieren beginnen zu können, müssen Sie zusätzlich zum Akku eine Speicherkarte einsetzen, auf der die Fotos gesichert werden. Sie benötigen dazu eine SD-, SDHC- oder SDXC-Speicherkarte, die in dem schmalen Schlitz neben dem Akku Platz findet.

Wie Sie den Akkuladezustand überprüfen und die Energiesparfunktionen der EOS M nutzen, lesen Sie in *Kapitel 4* ab *Seite 130*.

So setzen Sie eine Speicherkarte in die EOS M ein:

1 Öffnen Sie die Abdeckung auf der Kameraunterseite.

◂ *Der Speicherkartenschacht liegt unter derselben Abdeckung wie der Akku.*

2 Richten Sie die Speicherkarte so aus, dass die Kontakte nach unten zeigen und das Etikett zur Vorderseite der Kamera, und drücken Sie die Karte sanft in die Kamera, bis sie dort mit einem leichten Klicken einrastet.

Bei nochmaligem Drücken kommt Ihnen die Speicherkarte wieder entgegen, und Sie können sie entnehmen, z. B. um die Fotos auf einen Computer zu übertragen.

3 Schließen Sie die Akkufachabdeckung mit einem leichten Druck in Richtung Stativschraube, bis sie einrastet.

Entnehmen Sie die Speicherkarte nur, wenn gerade keine Daten übertragen werden. Solange die Zugriffsleuchte unterhalb des ON/OFF - Schalters auf der Kameraoberseite orange blinkt, werden Daten auf die Speicherkarte geschrieben, von dieser gelesen oder gelöscht, und Sie sollten die Akkufachabdeckung geschlossen lassen.

Da im Lieferumfang keine Speicherkarte enthalten ist, müssen Sie diese separat erwerben. Dabei gibt es einige Punkte zu beachten, denn in gewissen Grenzen bestimmt auch die Speicherkarte die Leistungsfähigkeit Ihrer EOS M.

Die Abkürzung SD steht für SecureDigital-Speicherkarten, deren Kapazität bis zu 2 GByte ausgelegt ist. Die neueren SDHC (HC steht dabei für High Capacity) gibt es in Größen von 4 GByte bis 32 GByte.

Die Speicherkarten der neuesten Generation erkennen Sie an der Bezeichnung SDXC (XC für eXtended Capacity), die schnellere Übertragungsgeschwindigkeiten und noch mehr Speicherplatz bieten – theoretisch ist eine Kapazität von bis zu 2 TiB (= 2048 GiB) möglich!

Dateiformat/ Megapixel/ Auflösung in Pixel	Bildqualität	Anzahl der Aufnahmen auf 8- GByte- Speicherkarte	Geeignet für
L (groß)/18 M/ 5184 x 3456	Fein	980	Qualitäts-JPEG für Drucke bis zum Format A2
	Normal	1990	Standard-JPEG für Drucke bis zum Format A2
M (mittel)/8 M/ 3456 x 2304	Fein	1880	Qualitäts-JPEG für Drucke bis zum Format A3
	Normal	3950	Standard-JPEG für Drucke bis zum Format A3
S1/4,5 M/ 2592 x 1728	Fein	3030	Qualitäts-JPEG für Drucke bis zum Format A4

	Normal	6475	Standard-JPEG für Drucke bis zum Format A4
	S1		
S2/2,5 M/ 1920 x 1280	S2	5340	Fotos im Format 9 cm x 13 cm
S3/0,3 M/ 720 x 480	S3	>9999	Bilder für den E-Mail-Versand
RAW+ L (Fein)/ 18 M/ 5184 x 3456	RAW+▲L	205	RAW und JPEG gleichzeitig aufzeichnen
RAW/18 M/ 5184 x 3456	RAW	260	Volle für die spätere Nachbearbeitung

⬆ *Wie viele Bilder passen auf die Speicherkarte? Die Anzahl der Bilder, die Sie auf Ihre Speicherkarte bekommen, hängt vom gewählten Dateiformat und der eingestellten Bildqualität ab.*

Movie-Aufnahmegröße	Aufnahmedauer auf 8-GByte-Speicherkarte (ca.)	Geeignet für
1920 x 1080	22 Minuten	Full-HD-Aufnahme
1280 x 720/50 fps	22 Minuten	HD-Aufnahme
640 x 480/25 fps	1 Stunde 32 Minuten*	Standard Definition im Seitenverhältnis 4:3, z. B. für Videopräsentationen im Internet

⬆ *Die Tabelle zeigt die ungefähren Werte für Filmaufnahmen. *Die maximale Aufnahmezeit für ein Video beträgt 29 Minuten 59 Sekunden, danach wird die Movie-Aufnahme automatisch beendet, und Sie müssen eine neue Aufnahme beginnen.*

Der Blick in die beiden Tabellen zeigt: Besonders das Speichern von RAW-Bildern und Videofilmen erfordert ausreichend Speicherkapazität. Das Fassungsvermögen der Speicherkarte ist aber nur ein Kriterium bei der Kaufentscheidung. Eine wichtige Rolle spielt auch die Schreibgeschwindigkeit. Diese kommt insbesondere bei Reihenaufnahmen und Videoaufzeichnungen zum Tragen, denn hier reicht die Geschwindigkeit einer herkömmlichen SD-Karte nicht mehr aus, um die anfallenden Datenmengen schnell genug abzuspeichern.

Mit dem SDHC-Standard wurde auch eine Einteilung in die Geschwindigkeitsklassen 2, 4, 6 und 10 eingeführt. Die Zahlen stehen dabei für die entsprechende Anzahl an Megabyte, die dauerhaft pro Sekunde zuverlässig auf die Speicherkarte geschrieben werden kann. Für die reibungslose Aufzeichnung von Videos mit der EOS M empfiehlt Canon SDHC-Karten mit der Geschwindigkeitsklasse 6 oder höher.

Serienaufnahmen helfen dabei, den entscheidenden Moment nicht zu verpassen. Wie Videoaufnahmen erfordern sie eine ausreichend schnelle Speicherkarte. 50 mm, 1/60 Sek., f 5.6, ISO 2.500

Die Speicherkarte formatieren

Fabrikneue Speicherkarten werden zwar immer formatiert ausgeliefert, dennoch sollten Sie sie für die Verwendung vor dem Gebrauch in der Kamera formatieren. Gleiches gilt, wenn die Karte voll mit Fotos und Videos ist oder wenn ein Speicherkartenfehler angezeigt wird:

1 Drücken Sie auf der Kamerarückseite die Menu -Taste.

2 Navigieren Sie mit den Tasten ← und → des WAHLRADS zum ersten *Einstellungen*-Menü.

Eine Speicherkarte einsetzen

◀ Das gelbe Einstellungen-Menü trägt als Symbol einen Schraubenschlüssel.

Sie können mit den Tasten des WAHLRADS durch das Kameramenü navigieren. Dank des Touchscreens der EOS M können Sie die Auswahl auch direkt durch das Tippen auf den berührungsempfindlichen Kameramonitor vornehmen.

3 Wählen Sie nun mit ⬆ und ⬇ am WAHLRAD den Eintrag *Karte formatieren* und drücken Sie die Q/SET-Taste.

◀ Beim Formatieren werden alle Fotos auf der Karte gelöscht!

4 Bestätigen Sie den folgenden Bildschirm mit *OK*, um die eingelegte Speicherkarte zu formatieren. Gehen Sie dabei sicher, dass sich keine ungesicherten Fotos oder Videos auf der Speicherkarte befinden, denn diese werden unwiderruflich gelöscht.

◀ Die Dauer der Formatierung hängt u. a. von der Größe der Speicherkarte ab. Schalten Sie die EOS M währenddessen nicht aus und nehmen Sie die Speicherkarte nicht aus dem Fach, andernfalls sind Beschädigungen möglich!

Streng genommen wird bei der einfachen Formatierung lediglich das Inhaltsverzeichnis der Speicherkarte gelöscht, die eigentlichen Daten bleiben aber unangetastet (und können mit etwas Know-how und der richtigen Software wieder rekonstruiert werden). Durch das Aktivieren der Option *Format niedriger Stufe* mit der `Info.`-Taste nehmen Sie eine sogenannte Low-Level-Formatierung vor, bei der alle Daten auf der Speicherkarte komplett und unwiederbringlich gelöscht werden. Weil dabei alle Sektoren der Speicherkarte überschrieben werden, dauert diese Form der Formatierung etwas länger.

➡ *Die Low-Level-Formatierung empfiehlt sich, um Fotos vollständig zu löschen, z. B. wenn die Speicherkarte weitergegeben werden soll oder wenn Ihnen der Zugriff auf die Speicherkarte verlangsamt erscheint.*

Tragegurt

Zum Lieferumfang der EOS M gehört ein Tragegurt, den Sie anbringen können, um sich die Kamera auf der Fototour um den Hals oder über die Schulter zu hängen. Wenn Sie die Kamera wie ich gerne in der Jackentasche transportieren oder häufiger auf ein Stativ montieren, stört der Trageriemen allerdings mehr, als dass er nutzt.

⬅ *Canon hat der EOS M einen Tragegurt mit Schnellverschluss spendiert. Ob man den Tragegurt anbringt oder nicht, hängt nicht zuletzt von den persönlichen Vorlieben ab.*

Dankenswerterweise hat Canon das Anbringen des Trageriemens bei der EOS M sehr einfach gestaltet, und Sie müssen den Gurt nicht, wie bei den meisten Kameras sonst üblich, in einer ganz bestimmten Reihenfolge einfädeln. Es reicht, den Metallring am Riemen über die Riemenhalterung an der Kamera zu legen und mit einem kleinen Schraubenzieher oder einer Münze im Uhrzeigersinn zu arretieren.

Ein Objektiv ansetzen

Der Akku ist geladen, die Speicherkarte eingesetzt und formatiert. Alles, was jetzt noch fehlt, um mit dem Fotografieren loszulegen, ist das Objektiv als „Auge" der Kamera.

⬆ Dank des Bildstabilisators gelingen mit dem 18-55mm f/3.5-5.6 IS STM auch unverwackelte Freihandaufnahmen bei längeren Verschlusszeiten. 40 mm, 1/20 Sek., f 11, ISO 3200

Zum Start des EOS M-Systems hat Canon zwei Wechselobjektive im Programm: das EF-M 18-55mm f/3.5-5.6 IS STM als leichtes und vielseitiges Zoomobjektiv sowie das besonders kompakte Weitwinkel-Pancake EF-M 22mm f/2 STM. Weitere Objektive mit EF-M-Anschluss werden sicherlich bald folgen, aber schon jetzt können Sie dank EF-EOS M-Adapter jedes Objektiv mit EF- oder EF-S-Anschluss reibungslos an der EOS M verwenden – damit steht Ihnen das reichhaltige Sortiment an Canon-DSLR-Objektiven vom Fischauge über Makroobjektiv bis zum Supertele zur Verfügung.

Nähere Informationen zu den EF-M-Objektiven sowie den EF-EOS M-Adapter lesen Sie ab *Seite 198*.

Die EOS M kennenlernen

So montieren Sie ein Objektiv an der EOS M:

1 Entfernen Sie die Schutzkappen an Objektiv und Kameragehäuse.

2 Halten Sie das Objektiv so vor das Kameragehäuse, dass die beiden weißen Markierungspunkte am Objektiv und Kamerabajonett übereinstimmen.

3 Setzen Sie das Objektiv an das Kameragehäuse und drehen Sie es im Uhrzeigersinn, bis es hörbar einrastet.

Der Entriegelungsknopf sitzt direkt neben dem Objektiv.

Gehen Sie wie folgt vor, um das Objektiv von der Kamera abzunehmen:

1 Drücken Sie den Entriegelungsknopf neben dem Objektiv.

2 Drehen Sie das Objektiv bis zum Anschlag nach links und nehmen Sie es ab.

Nehmen Sie den Objektivwechsel vorsichtig, aber zügig vor und halten Sie das Kameragehäuse dabei nach unten, damit möglichst kein Staub auf den Sensor gelangt.

Datum und Uhrzeit einstellen

Im Prinzip können Sie nun endlich mit dem Fotografieren beginnen. Als letzte Vorbereitung sehr sinnvoll ist das Einstellen von Datum und Uhrzeit an der Kamera.

Dabei handelt es sich um mehr als nur eine Formalie, denn Datum und Uhrzeit werden automatisch zusammen mit jedem Foto gespeichert. Nehmen Sie sich daher den kurzen Moment, um Datum und Uhrzeit korrekt einzustellen. Beim ersten Einschalten fordert Sie die EOS M automatisch dazu auf, Sie können Zeitzone, Datum und Uhrzeit aber auch jederzeit im Menü ändern:

Achten Sie auf die korrekte Einstellung von Zeit und Datum im Menü der EOS M. Das Bildarchiv lässt sich so am Computer viel leichter ordnen. Außerdem ist ein korrekter Zeitstempel erforderlich, wenn Sie per Geotagging nachträglich den Aufnahmeort des Fotos automatisch ermitteln wollen.

◁ *Die Datums- und Zeiteinstellungen finden Sie im gelben Menü Einstellungen. Mit der Zeitzone-Funktion wählen Sie die lokale Zeitzone aus.*

◁ *Neben Datum und Uhrzeit können Sie im Untermenü auch das Datumsformat wählen und bei Bedarf die Sommerzeit-Funktion aktivieren.*

1 Markieren Sie den gewünschten Eintrag wie *Tag*, *Monat*, *Jahr* usw. durch Drücken von ← oder → am WAHLRAD.

2 Drücken Sie die Q/SET-Taste, um den Wert zu editieren.

3 Wählen Sie den gewünschten Wert durch ↑ ↓ am WAHLRAD.

4 Übernehmen Sie die Änderung mit der ⌐Q/SET¬-Taste.

5 Wiederholen Sie die Schritte 1 bis 4, bis Datum und Uhrzeit korrekt eingestellt sind.

Haben Sie Zeit und Datum einmal korrekt eingestellt, so brauchen Sie sich in der Regel nicht weiter darum zu kümmern. Die interne Kamerauhr übersteht auch den Wechsel des Kameraakkus ohne Probleme. Es reicht, wenn Sie hin und wieder überprüfen, ob die Uhr noch richtig geht.

Ob Sie bei Fernreisen die Zeitzone anpassen und die Uhr von Sommer- auf Winterzeit umstellen, ist Geschmackssache, zwingend notwendig ist es aus meiner Sicht nicht. Ich persönlich lasse die Zeiteinstellung immer auf mitteleuropäischer Sommerzeit – das verringert die Gefahr, beim Rückflug die erneute Umstellung zu vergessen. Wenn Sie den optionalen GPS-Empfänger GP-E2 verwenden möchten, ist die korrekte Einstellung der lokalen Zeit dagegen zwingend erforderlich, ansonsten wird der Empfang der Satellitendaten erschwert oder sogar unmöglich gemacht!

Die wichtigsten Bedienelemente der EOS M auf einen Blick

Ihre EOS M ist nun aufnahmebereit, und es kann endlich losgehen. Nachfolgend finden Sie einen Überblick über die verschiedenen Bedienelemente Ihrer EOS M.

Keine Angst, wenn Sie nicht gleich auf Anhieb alle Funktionen verstehen. Die exakte Bedienung wird in den späteren Kapiteln jeweils mit Praxisbezug detailliert erklärt. Die Bezeichnungen der wichtigsten Bedienelemente, wie z. B. das MODUSWAHLRAD oben und das WAHLRAD hinten an der Kamera, werden Ihnen aber im Laufe dieses Handbuchs immer wieder begegnen. Nehmen Sie sich daher ruhig etwas Zeit, um mit der Kamera vertraut zu werden: Je intuitiver Sie die EOS M bedienen, umso stärker können Sie sich später beim Fotografieren auf das eigentliche Motiv konzentrieren, ohne lange über die Technik nachdenken zu müssen. Wie so häufig im Leben führen auch bei der EOS M unterschiedliche Wege zur gewünschten Einstellung, und oftmals benötigen Sie nicht einmal die Tasten, da sich vieles komfortabel über den Touchscreen bedienen lässt.

Die wichtigsten Bedienelemente der EOS M auf einen Blick

1 Auslöser
2 Selbstauslöser-Kontrolllampe/ AF-Hilfslicht
3 Markierung zum Ausrichten des Objektivs beim Ansetzen
4 Befestigung für Trageriemen
5 Sensor für die Fernbedienung
6 Bildsensor
7 Objektiventriegelungstaste
8 Bajonettkontakte
9 Kamerabajonett

⬆ Auf der Kameravorderseite finden Sie den Handgriff für den sicheren Halt der Kamera sowie den Empfänger für eine Infrarotfernbedienung. Den Entriegelungsknopf benötigen Sie, um das Objektiv zu wechseln.

⬅ Die EOS M erlaubt eine sehr komfortable Bedienung über den als Touchscreen ausgelegten Monitor. Deshalb sind nur wenige Knöpfe auf der Rückseite zu finden. Das WAHLRAD können Sie entweder drehen oder Sie klicken auf den oberen, rechten, unteren oder linken Rand. Durch Drücken der zentralen Q/SET - Taste wird die Einstellung übernommen.

1 Betriebsanzeige signalisiert Schreib-/Lesezugriffe auf die Speicherkarte
2 Movie-Aufnahmetasten zum Start/Stopp der Videoaufzeichnung
3 LC-Display/Touchscreen
4 Menu-Taste zum Aufrufen des Menü-Bildschirms
5 Wiedergabe-Taste zur Bildanzeige
6 Hauptwahlrad
7 Auswahltaste für die Betriebsart
8 Bildschirm für die Schnelleinstellung/Set-Taste
9 Sterntaste zur Belichtungsspeicherung
10 Taste zum Einstellen der Blende/ Belichtungskorrektur
11 Löschtaste
12 Info-Taste

Die EOS M kennenlernen

1 *Auslöser*
2 *Lautsprecher*
3 *Stereo-Mikrofone*
4 *Markierung der Bildebene (=Lage des Sensors)*
5 *Modus-Wahlrad*
6 *Blitz-/Zubehörschuh*
7 *Hauptschalter*

⬆ *Der ON/OFF-Hauptschalter erweckt die Kamera zum Leben. Mit dem Moduswahlrad wechseln Sie bequem zwischen der Standbildaufnahme (entweder mit der Vollautomatik oder in den Kreativ-Programmen) und der Videoaufzeichnung. Der Zubehörschuh kann nicht nur einen Blitz aufnehmen, sondern auch weiteres Zubehör, wie z. B. den GPS-Empfänger GP-E2.*

➡ *Auf der Kameraunterseite finden Sie das Stativgewinde sowie die Abdeckung für das kombinierte Akku- und Speicherkartenfach.*

1 *Akku- und Speicherkartenfach*
2 *Stativgewinde*
3 *Entriegelungsschieber für Akku- und Speicherkartenfach*
4 *Seriennummer*

1 *Eingang für externes Mikrofon*
2 *HDMI mini-Ausgang*
3 *Audi-/Videoausgang/Digitaler Ausgang*

⬆ *Unter der Gummiabdeckung auf der linken Kameraseite finden Sie die Schnittstellen, um die EOS M z. B. mit einem Computer oder Fernseher zu verbinden oder ein externes Mikrofon anzuschließen.*

Touchscreen und Wahlrad

Die beiden zentralen Elemente zum Bedienen der EOS M sind der berührungsempfindliche Monitor sowie das Wahlrad:

◁ *Alle Symbole die in einem Rahmen angezeigt werden, können Sie direkt auf dem Bildschirm antippen, um die entsprechende Einstellung zu ändern.*

1 Der rückseitige LCD-Monitor ist als Touchscreen ausgelegt, und Sie können ihn einfach mit den Fingern bedienen. Symbole, die auf Tippen reagieren, werden in einem Rahmen angezeigt.

◁ *Skalensteuerungen können Sie entweder durch Drücken von* ← / → *-Wahlrad oder durch das Tippen auf die Felder + bzw. – auf dem Bildschirm vornehmen. Noch einfacher: Wischen Sie mit einem Finger nach rechts oder links über den Touchscreen, um den Skalenwert zu erhöhen bzw. zu reduzieren.*

▽ *Das Wahlrad lässt sich sowohl drehen als auch drücken.*

2 Um eine Funktion mit dem Wahlrad auszuwählen, können Sie es entweder drehen oder oben, unten, links bzw. rechts drücken. Drücken Sie dann die Q-/SET -Taste in der Mitte, um die ausgewählte Funktion einzustellen.

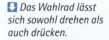

Wollen Sie beim Fotografieren im Winter die Handschuhe zum Fotografieren nicht ausziehen, so benötigen Sie einen speziellen Smartphone-Handschuh, da mit normalen Handschuhen die Berührungen leider nicht erkannt werden.

Schritt für Schritt zum ersten Bild

Das erste Foto aufnehmen

⬆ *Die Automatische Motiverkennung wählen Sie direkt über das Moduswahlrad auf der Kameraoberseite.*

1 Drehen Sie das Moduswahlrad oben auf der Kamera ganz nach links auf das grüne *A+*-Symbol, um die *Automatische Motiverkennung* zu nutzen.

Die *Automatische Motiverkennung* ist eine Vollautomatik, in der der Bildprozessor der EOS M die Szene hinsichtlich von Farbe, Helligkeit, Personen und vielem mehr analysiert und automatisch die richtigen Einstellungen für gelungene Fotos vornimmt.

> In der Grundeinstellung befindet sich der AF-Rahmen in der Bildmitte. Tippen Sie einfach mit dem Finger auf die gewünschte Stelle am Monitor, um auf ein Motiv außerhalb des Zentrums scharf zu stellen.

2 Entfernen Sie den Objektivdeckel.

3 Betätigen Sie den ON/OFF-Hauptschalter, um die Kamera zum Leben zu erwecken. Die darunter angeordnete Zugriffsleuchte blinkt einige Male grün auf. Der Monitor wird eingeschaltet und zeigt den gewählten Bildausschnitt an. Wenn Sie das EF-M-18-55mm-Objektiv verwenden, können Sie am Zoomring des Objektivs drehen, um die Brennweite und damit den Bildausschnitt zu verändern.

4 Betätigen Sie nun den Auslöser. Er verfügt über zwei Stufen:

Durch leichtes Herunterdrücken bis zum ersten Druckpunkt werden Autofokus und Belichtungsmessung aktiv. Belichtungszeit, Blende und ISO-Wert werden am unteren Rand eingeblendet. Die erfolgreiche Scharfstellung wird mit einem Piepston signalisiert, und der AF-Rahmen um den fokussierten Bildbereich leuchtet grün auf.

Drücken Sie den Auslöser komplett durch, um das Foto aufzunehmen. Es erklingt ein Aufnahmegeräusch, und die Speicherkarten-Zugriffsleuchte leuchtet rot auf.
In der Standardeinstellung wird die Aufnahme für ca.

2 Sekunden auf dem Monitor angezeigt. Sie können aber sofort weitere Fotos aufnehmen und bei Bedarf in den Wiedergabemodus wechseln, um das Bild länger zu betrachten.

Das grün aufleuchtende Rechteck signalisiert die erfolgreiche Scharfstellung.

5 Drücken Sie den Auslöser komplett durch, um das Foto aufzunehmen.

Mit der Automatischen Motiverkennung gelingen scharfe und ausgewogen belichtete Aufnahmen auf Anhieb. 18 mm, 1/125 Sek, f 8, ISO 100

Die EOS M analysiert die Szene und wählt die passenden Einstellungen wie z. B. Blende und Belichtungszeit selbstständig aus. Die aktuellen Werte werden auf dem Monitor angezeigt. Bei der *Automatischen Motiverkennung* müssen Sie nichts einstellen, können allerdings auch nur wenige Parameter abändern, wenn Sie das möchten.

➡ *Die individuellen Anpassungsmöglichkeiten der Kameraeinstellungen beim Fotografieren mit der Automatischen Motiverkennung sind sehr begrenzt.*

Die zur Verfügung stehenden Einstellmöglichkeiten finden Sie auf den beiden Schnelleinstellungsbildschirmen, die Sie jeweils mit der Q/SET - sowie der Info. -Taste aufrufen:

➡ *Auf dem Q/SET -Schnelleinstellungsbildschirm ändern Sie bei Bedarf Autofokus-Methode und Bildqualität.*

➡ *Auf dem Info. -Schnelleinstellungsbildschirm können Sie zusätzlich eine andere Betriebsart (z. B. Reihenaufnahme oder Selbstauslöser) wählen.*

Die *Automatische Motiverkennung* eignet sich gut für die ersten Aufnahmen und um mit der EOS M vertraut zu werden. Wie Sie einen Schritt weitergehen und die Aufnahmeeinstellungen selbst wählen, um ein Foto bewusst zu gestalten, lesen Sie im nächsten Kapitel.

SCHRITT FÜR SCHRITT ZUM ERSTEN BILD

Fotos auf dem Kameramonitor kontrollieren

In der Standardeinstellung wird das aufgenommene Foto direkt nach der Aufnahme für etwa 2 Sekunden auf dem Kameramonitor angezeigt. Mit den folgenden Schritten starten Sie die Bildwiedergabe manuell. Hier können Sie auch Bilder löschen oder für eine genaue Kontrolle der Schärfe in das Bild hineinzoomen:

Mit der *Wiedergabe*-Taste zeigen Sie die abgespeicherten Fotos an. Weiterreichende Informationen zum Wiedergabemodus finden Sie ab *Seite 221*.

1 Drücken Sie die blaue *Wiedergabe*-Taste auf der Kamerarückseite, um in den Wiedergabemodus zu wechseln. Das zuletzt aufgenommene Foto wird angezeigt:

Drücken Sie [←] bzw. [→] des WAHLRADS, um das vorherige bzw. nächste Foto anzuzeigen.

Drehen Sie das WAHLRAD, um einen Bildsprung auszuführen (in der Standardeinstellung wird dadurch 10 Bilder vor- bzw. zurückgeblättert).

◀ *Durch Drehen des Wahlrads navigieren Sie in größeren Sprüngen durch den Bildbestand auf der Speicherkarte.*

◀ *Bei Bedarf lassen sich Fotos einfach löschen.*

29

2 Um ein misslungenes Bild zu löschen, drücken Sie [↓]-Wahlrad gekennzeichnet mit dem Mülltonnen-Symbol und bestätigen Sie die Sicherheitsabfrage auf dem folgenden Bildschirm mit *OK*, das angezeigte Foto wird gelöscht.

▶ *Wie bei einem Smartphone: Durch Spreizen oder Zusammenziehen von zwei Fingern vergrößern bzw. verkleinern Sie die Bildanzeige.*

3 Eine Taste mit Lupensymbol, wie Sie sie vielleicht von anderen Digitalkameras kennen, um in das Bild hineinzuzoomen und einen vergrößerten Ausschnitt anzuzeigen, suchen Sie an der EOS M vergebens. Denn es geht viel einfacher: Legen Sie einfach zwei Finger eng beieinander auf den Touchscreen und spreizen Sie anschließend die Finger auseinander, um die Bildanzeige zu vergrößern.

4 Zusätzlich zum eigentlichen Foto kann die EOS M eine ganze Reihe von weiteren Aufnahmeinformationen, wie ISO-Wert, Belichtungszeit, eingestellte Blende, Aufnahmedatum und vieles mehr, anzeigen. Drücken Sie dazu die [Info.]-Taste.

Durch wiederholtes Drücken der [Info.]-Taste lassen sich zusätzlich vielschichtige Aufnahmeinformationen einblenden. Mit jedem Tastendruck ändern sich die zusätzlich angezeigten Informationen:

Schritt für Schritt zum ersten Bild

◁ Anzeige des eigentlichen Fotos

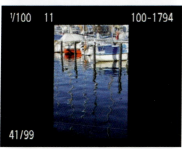

◁ Einblendung grundlegender Aufnahmeparameter wie Belichtungszeit und Blende

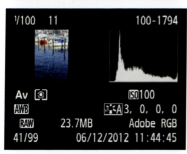

◁ Umfassende Darstellung der Aufnahmeinformationen

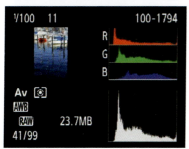

◁ Histogrammanzeige zur zuverlässigen Kontrolle der Belichtung

5 Drücken Sie abschließend die *Wiedergabe*-Taste erneut oder betätigen Sie den Auslöser, um die Bildwiedergabe zu beenden. Die EOS M kehrt zum Aufnahmebildschirm zurück, und Sie können wieder fotografieren.

Kapitel 2
Die Belichtung

Dieses Kapitel zeigt, wann und wie Ihnen mit den Belichtungsprogrammen und Automatiken der EOS M schnell gute Ergebnisse gelingen. Sie bekommen aber auch das nötige Hintergrundwissen, um bei schwierigen Motiven korrigierend von Hand eingreifen oder die Belichtung komplett manuell einstellen zu können.

Fotografieren mit der Kreativ-Automatik

Den schnellsten und einfachsten Weg zu ausgewogenen belichteten Fotos haben Sie schon in *Kapitel 1* kennengelernt: Die *Automatische Motiverkennung* führt unkompliziert zu guten Fotos, allerdings haben Sie auch kaum einen Einfluss auf die getroffenen Einstellungen, und nicht immer führt diese Belichtung „von der Stange" zum gewünschten Ergebnis.

> Die Abkürzung *CA* steht für **Creative Auto**.

Die *Kreativ-Automatik* (CA) funktioniert im Grundsatz wie die *Automatische Motiverkennung*, und die EOS M stellt alle wichtigen Parameter für die richtige Belichtung automatisch ein. Sie haben bei der Wahl der einzelnen Einstellungen aber etwas freiere Hand und können zum Beispiel Einfluss darauf nehmen, wie scharf oder unscharf der Hintergrund erscheinen soll, oder ein angesetztes Blitzgerät steuern, wenn das Licht knapp wird.

So fotografieren Sie mit der Kreativ-Automatik:

> ➲ *Für die Kreativ-Automatik müssen Sie das Moduswahlrad in die Position Standbild drehen. Das gilt auch für alle später in diesem Kapitel gezeigten Motivbereich-Modi.*

1 Stellen Sie das Moduswahlrad auf die *Standbild*-Einstellung.

2 Tippen Sie am Touchscreen oben links auf das Symbol für den Aufnahmemodus.

Falls der Touchscreen keine Schaltflächen zeigt, können Sie sie durch Drücken der `Info.`-Taste einblenden. Alternativ können Sie die `Info.`-Taste auch so oft drücken, bis der Schnelleinstellungsbildschirm angezeigt wird, und dort den Aufnahmemodus wechseln.

▶ *Der Bildschirm für den Aufnahmemodus umfasst drei Seiten: Tippen Sie auf den Pfeil am linken oder rechten Rand, um zur vorherigen bzw. nächsten Seite zu blättern.*

▶ *Die Kreativ-Automatik finden Sie auf dem zweiten Bildschirm.*

3 Tippen Sie auf das Symbol *CA*, um die *Kreativ-Automatik* einzustellen.

4 Im Prinzip können Sie nun sofort auf den Auslöser drücken und mit dem Fotografieren beginnen. Im Gegensatz zur *Automatischen Motiverkennung* können Sie in der *Kreativ-Automatik* aber eine Reihe von weiteren Einstellungen tätigen, und zwar auf den beiden Schnelleinstellungsbildschirmen, die Sie mit der `Info.`-Taste oder der `Q/SET`-Taste aufrufen.

Die Belichtung

▶ *Der Info.-Schnelleinstellungsbildschirm in der Kreativ-Automatik*

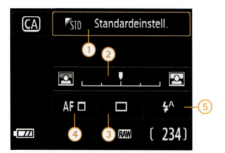

1. Auswählen eines Umgebungseffekts für das Bild
2. Unschärfegrad des Hintergrunds einstellen
3. Betriebsart (Einzelbild/Selbstauslöser/Fernauslöser/Reihenaufnahme)
4. Wahl der Autofokus-Einstellung
5. Auslösung eines angesetzten Speedlite 90 EX

▶ *Der Q/SET-Schnelleinstellungsbildschirm in der Kreativ-Automatik*

1. Schnelleinstellungsbildschirm schließen
2. Wahl der Autofokus-Einstellung
3. Auswählen eines Umgebungseffekts für das Bild
4. Einstellen der Bildqualität
5. Auslösung eines angesetzten Speedlite 90 EX
6. Unschärfegrad des Hintergrunds einstellen
7. Anwenden eines Kreativfilters (steht nur bei JPEG-Aufnahmen zur Verfügung)

8 Für welchen der beiden Schnelleinstellungsbildschirme Sie sich dabei entscheiden, ist letztlich Geschmackssache. Die beiden entscheidenden Parameter, mit denen Sie Aussehen und Charakter des endgültigen Fotos beeinflussen, finden Sie auf beiden Bildschirmen.

◐ *Mit dem Schieberegler legen Sie fest, ob der Bereich hinter dem Hauptmotiv scharf oder unscharf erscheint.*

9 Mit dem Schieberegler *Hintergr.:Uns.<–>Scharf* können Sie einstellen, wie unscharf der Hintergrund wiedergegeben werden soll. So können Sie z. B. bei Porträts die Person sehr einfach vor einem unscharfen Hintergrund abheben.

Schieben Sie die Markierung nach rechts, um den Hintergrund schärfer erscheinen zu lassen.

Ziehen Sie die Markierung nach links, um den Hintergrund in der Unschärfe verschwinden zu lassen.

Bei angesetztem Blitz wird die Schärfeeinstellung für den Hintergrund nicht angewendet. Die Auswirkungen des Schiebereglers hängen auch vom Objektiv bzw. der eingestellten Brennweite, der Blende und der Entfernung zum Motiv ab. Mehr zur Schärfentiefe erfahren Sie später ab *Seite 49*.

◐ *Mit der umgebungsbezogenen Aufnahme nehmen Sie einen subtilen Einfluss auf Farbwiedergabe und Bildstimmung.*

10 Mit der Option *Aufn. nach Umgebung* können Sie dem Foto eine andere Wirkung verpassen. Mit der Einstellung *Warm* z. B. wird das Motiv weichgezeichnet und die Farbabstimmung ins Rötliche verschoben, um eine wärmere Bildwirkung zu erzeugen. Wählen Sie hier bei Bedarf die Vorgabe, die zum Motiv und zu Ihrer gewünschten Bildaussage passt. Für Porträts eignet sich eher eine weiche oder warme Wiedergabe, Landschaften vertragen in der Regel eine hohe Farbsättigung. Und wie wäre es bei stimmungsvollen Fotos von modernen

Gebäuden mit einer kalten oder vielleicht sogar monochromen Bildwirkung? Probieren Sie die verschiedenen Vorgaben einfach aus, sobald Sie eine Einstellung gewählt haben, vermittelt die Wiedergabe auf dem Kameramonitor einen Eindruck von der Bildwirkung.

Die Stärke des Umgebungseffekts lässt sich in drei Stufen anpassen.

11 Sobald Sie einen Umgebungseffekt ausgewählt haben, können Sie auf dem Schnelleinstellungsbildschirm zusätzlich mit dem WAHLRAD die Stärke des Effekts in drei Stufen einstellen.

Mit der Kreativ-Automatik entscheiden Sie selbst, wie scharf oder verschwommen der Hintergrund wiedergegeben wird. Das lässt sich sehr gut nutzen, um das Hauptmotiv besonders deutlich hervortreten zu lassen. 55 mm, 1/100 Sek., f 11, ISO 200

Sorglos fotografieren mit den Motivbereich-Modi

Unterschiedliche Motive und Aufnahmesituationen erfordern unterschiedliche Einstellungen von Blende, Verschlusszeit und ISO-Wert – das wissen natürlich auch Ingenieure bei Canon und haben der EOS M daher verschiedene Motivbereich-Modi wie *Landschaft*, *Porträt* oder *Sport* spendiert. So brauchen Sie nur das Belichtungsprogramm auszusuchen, das am besten zum Motiv passt, das Sie gerade fotografieren möchten. Die Kameraelektronik übernimmt dann den Rest.

Diese Motivprogramme funktionieren meist recht zuverlässig und liefern in vielen Fällen gute Ergebnisse, ohne dass Sie lange darüber nachdenken müssen, welche Belichtungseinstellungen Sie treffen sollten. Für den Anfang sind die Motivbereich-Modi der EOS M daher eine gute Möglichkeit, um die Kamera kennenzulernen und ein paar schöne Bilder zu machen.

Porträt

Wie es der Name nahelegt, eignet sich der Motivbereich-Modus *Porträt* besonders gut für Fotos von Menschen. Die Kameraelektronik versucht dabei, mit einer geringen Schärfentiefe die Person selbst scharf vor einem unscharfen Hintergrund abzubilden. Damit die Person gut aussieht und im richtigen Licht erscheint, wird die Farbstimmung auf eine optimale Wiedergabe des Hauttons getrimmt, und eine leichte Weichzeichnung sorgt für einen ebenmäßigen Teint.

Mit den folgenden einfachen Tipps werden Ihre Porträtaufnahmen noch besser:

- Platzieren Sie die Person beim Fotografieren möglichst weit entfernt vom Hintergrund. Je größer der Abstand, desto besser, denn umso verschwommener wird der Hintergrund.

- Am besten eignen sich ruhige, einfache Hintergründe für die Aufnahme von Porträts. Ein rotes Element, das kann ein Auto, ein Werbeplakat oder ein Stoppschild sein, zieht, selbst wenn es nur unscharf zu sehen ist, unweigerlich den Blick des Betrachters auf sich und lenkt damit von der Person ab, die Sie eigentlich im Foto zeigen möchten.

39

Die Belichtung

- Verwenden Sie nach Möglichkeit eine lange Brennweite. Drehen Sie dazu den Zoomring auf einen großen Wert, z. B. auf die Einstellung 55 mm, wenn Sie das EF-M 18-55 verwenden.
- Legen Sie das AF-Feld (ein einfacher Fingertipp auf die gewünschte Stelle des Touchscreens reicht dafür aus) auf das Gesicht, damit die EOS M exakt auf die Person scharf stellen kann. Im *Porträt*-Motivbereich wird automatisch der One-Shot Autofokus benutzt, d. h., die Kameraelektronik stellt einmal scharf, sobald Sie den Auslöser halb durchdrücken, anschließend wird die Schärfe aber nicht nachgeführt. Verändern Sie daher nicht nachträglich den Bildausschnitt und achten Sie darauf, dass sich die Person nicht vor oder zurück bewegt.
- In der Grundeinstellung ist im *Porträt*-Modus die Reihenaufnahme aktiviert. Machen Sie rege davon Gebrauch und nehmen Sie lieber ein Foto mehr auf als eins zu wenig – so fangen Sie viele verschiedene Posen ein und erhöhen die Chance, den entscheidenden Gesichtsausdruck nicht zu verpassen.

Nutzen Sie bei Gegenlichtaufnahmen das Speedlite 90EX, um das Gesicht aufzuhellen.

Das Motivprogramm Porträt sorgt dafür, dass ausschließlich die Person scharf abgebildet wird und sich deutlich vor dem unscharfen Hintergrund abhebt. 40 mm, 1/200 Sek., f 5.6, ISO 100.

Landschaft

Dieser Aufnahmemodus ist dazu gedacht weite Landschaften eindrucksvoll im Bild festzuhalten. Die Schärfe soll dabei nach Möglichkeit durchgehend vom Vorder- bis zum Hintergrund reichen, und bei der kamerainternen Bildaufbereitung sorgt die EOS M für plakative Farben mit leuchtend blauem Himmel und satten Grüntönen. Der Motivbereich-Modus *Landschaft* ist somit quasi das Gegenteil des *Porträt*-Modus, denn statt bei geringer Schärfentiefe den Fokus gezielt auf einen bestimmten Bereich zu legen, wird mit einer großen Schärfentiefe das gesamte Bild von vorne bis hinten scharf wiedergegeben.

Die Elektronik der EOS M stellt dazu eine möglichst kleine Blendenöffnung ein (d. h. eine große Zahl, dazu ab *Seite 48* mehr). Erst wenn das Licht zu knapp und damit die Belichtungszeit in Verbindung mit der eingestellten Brennweite zu lang für eine unverwackelte Aufnahme wird, wird die Blende weiter geöffnet.

Der Blitz ist im Motivprogramm *Landschaft* grundsätzlich deaktiviert – was aber nicht weiter schlimm ist, denn er würde ohnehin nur den Vordergrund ausleuchten, niemals aber die gesamte Landschaft.

Wählen Sie für besonders eindrucksvolle Landschaftsaufnahmen eine möglichst kurze Brennweite, z. B. die Einstellung 18 mm beim 18–55-mm-EF-M-Objektiv.

Um eine große Schärfentiefe über den gesamten Bildbereich zu erzielen, stellt der Motivbereich-Modus Landschaft eine möglichst kleine Blendenöffnung (d. h. hohe Blendenzahl!) ein. 18 mm, 1/30 Sek., f 11, ISO 125

Nahaufnahme

Mit dem Motivbereich-Modus *Nahaufnahme* liegen Sie immer dann richtig, wenn Sie Blümchen, Insekten oder andere kleine Gegenstände groß in Szene setzen wollen.

Für gelungene Nahaufnahmen gelten ähnliche Tipps wie für die Porträtfotografie: Achten Sie auf einen möglichst homogenen Hintergrund, damit das Hauptmotiv besser zur Geltung kommt, und verwenden Sie die Teleeinstellung des Zoomobjektivs. Gehen Sie dann so nahe ran, wie das Objektiv es zulässt, aber übertreiben Sie es nicht. Rücken Sie dem Objekt mit der Frontlinse der Kamera zu nahe, so kann der Autofokus nicht mehr scharf stellen. Die Naheinstellgrenze des EF-M 18-55mm f/3.5-5.6 IS STM beträgt etwa 25 cm. Für echte Makroaufnahmen mit großem Abbildungsmaßstab müssen Sie daher auf den EF-EOS M-Adapter zurückgreifen und ein spezielles Makroobjektiv aus dem EF- bzw. EF-S-Objektiv-Sortiment anschließen.

> Die Naheinstellgrenze bezieht sich auf den Abstand zwischen Motiv und Sensorebene – die Lage des Sensors ist oben auf dem Gehäuse mit einer unscheinbaren Gravur links neben dem `ON/OFF`-Schalter markiert.

Die Naheinstellgrenze des 18–55-mm-Kit-Objektivs beträgt etwa 25 cm. Wenn Sie noch näher an das Motiv heranwollen, brauchen Sie ein spezielles Makroobjektiv – und daher den EF-EOS M-Adapter. 55 mm, 1/100 Sek., f 8, ISO 1600

Sport

Sport – das heißt in der Regel schnelle Bewegungen. Der Motivbereich-Modus *Sport* ist daher immer dann die erste Wahl, wenn Actionfotos auf dem Programm stehen. Das ist nicht nur bei Fußballspielen oder Formel-1-Rennen der Fall, sondern auch, wenn Sie Vögel im Flug oder Kinder beim Toben fotografieren möchten.

Das *Sport*-Motivprogramm setzt dabei auf möglichst kurze Belichtungszeiten, und der Autofokus-Modus wird auf *Servo* gestellt, d. h., die EOS M versucht, die Schärfe nachzuführen und das Motiv im Fokus zu behalten. Standardmäßig ist die Reihenaufnahme als Betriebsart eingestellt.

Durch eine kurze Verschlusszeit werden Bewegungen im Bild eingefroren. Das Sportprogramm eignet sich daher für alle Arten von Fotos mit etwas „Action". 55 mm, 1/1000 Sek., f 6,3, ISO 500

Nachtporträt

Wenn Sie in besonders dunkler Umgebung mit dem Blitz fotografieren, wird oft der Vordergrund überstrahlt, während der Hintergrund schwarz bleibt. Das ist weder ein Fehler der EOS M noch des Blitzgeräts, sondern der Physik geschuldet, weil die Helligkeit des Blitzgeräts mit zunehmender Entfernung rapide abnimmt.

Sie können den Blitz aber sehr wohl nutzen, um den Vordergrund aufzuhellen, z. B. für Porträtaufnahmen vor einer nächtlich beleuchteten Stadtlandschaft. Hier schlägt dann die Stunde des Motivbereichs *Nachtporträt*, das den Einsatz eines Speedlite 90EX-Blitzgeräts mit einer langen Belichtungszeit kombiniert. Der Blitz wird dabei so angesteuert, dass der Vordergrund richtig ausgeleuchtet wird, gleichzeitig wird an der Kamera aber eine längere Belichtungszeit eingestellt, sodass auch der Hintergrund ausreichend hell dargestellt wird.

Am besten gelingen geblitzte Nachtporträts, wenn Sie die Kamera auf ein Stativ schrauben, ansonsten riskieren Sie aufgrund der langen Belichtungszeit ein verwackeltes Foto. Bitten Sie außerdem das Modell darum, auch nach dem Blitz noch einen Moment still zu halten, um Bewegungsunschärfe zu vermeiden.

Bei wenig Licht stößt der Autofokus der EOS M leider schnell an seine Grenzen. In diesen Fällen können Sie probieren, die Fokussierungsmethode von *FlexiZone*-Multi auf *FlexiZone*-Single umzustellen. Wenn auch das nichts hilft, bleibt Ihnen nichts anderes übrig, als den Autofokus abzuschalten und manuell scharf zu stellen – was in der absoluten Dunkelheit aber auch einiger Übung bedarf.

> Mehr über die Fokussierungsmethoden der EOS M lesen Sie ab *Seite 82*.

Nachtaufnahme ohne Stativ

Wenn das Licht knapp und die Belichtungszeit so lang wird, dass die Fotos verwackeln, haben Sie nur zwei Möglichkeiten: Entweder Sie setzen den ISO-Wert hoch und nehmen ein höheres Bildrauschen in Kauf oder Sie schrauben die Kamera auf ein Stativ. Wenn Sie kein Stativ zur Hand haben, aber trotzdem Fotos in hoher Qualität wünschen, können Sie einmal den Motivbereich-Modus *Nachtaufnahme ohne Stativ* ausprobieren.

Die EOS M versucht dann mit einem Trick, das Bildrauschen bei höheren ISO-Einstellungen zu reduzieren: Dazu werden in kurzer Reihenfolge hintereinander vier Aufnahmen gemacht und diese miteinander kombiniert, um das störende Bildrauschen möglichst effektiv zu eliminieren.

Obwohl die Einzelaufnahmen sehr schnell aufeinanderfolgen, stößt diese Technik bei bewegten Motiven an ihre Grenzen. Aber auch bei Fotos von statischen Objekten sollten Sie die Kamera möglichst ruhig halten, damit die einzelnen Fotos der Viererserie deckungsgleich sind. Nehmen Sie daher einen sicheren, ruhig etwas breitbeinigen Stand ein und halten Sie die EOS M möglichst nahe ans Gesicht oder, noch besser, stützen Sie die Kamera auf einer Brüstung oder einem Geländer ab.

HDR-Gegenlichtaufnahme

Die Abkürzung HDR steht für High Dynamic Range und ist eine Kombination von Aufnahmetechnik und anschließender Bildbearbeitung, um große Kontraste in den Griff zu bekommen.

Notwendig ist dieser Griff in die Trickkiste, weil der Kontrastumfang des Bildsensors im Vergleich zum menschlichen Auge bescheiden ausfällt.

Beim Motivbereich-Modus *HDR-Gegenlichtaufnahme* nimmt die EOS M hintereinander drei Aufnahmen mit unterschiedlicher Belichtung auf. Wie schon bei der *Nachtaufnahme ohne Stativ* gilt auch hier: Halten Sie die Kamera so ruhig wie möglich, damit die einzelnen Ausgangsbilder möglichst deckungsgleich sind und keine Geisterbilder entstehen.

In den beiden Motivbereich-Modi *Nachtaufnahme ohne Stativ* und *HDR-Gegenlichtaufnahme* dauert der Speichervorgang für das endgültige Foto länger als gewohnt. Während der Bildverarbeitung durch die Kamera wird *Busy* auf dem Kameramonitor angezeigt, und Sie können das nächste Foto erst dann machen, wenn der Schreibvorgang auf die Speicherkarte beendet ist.

Die Belichtung

⬆ *Bei dieser Gegenlichtaufnahme hat die Automatische Motiverkennung die Belichtung so gewählt, dass der Himmel nicht ausfrisst. Die dunklen Bildbereiche im Vordergrund sind allerdings sehr dunkel. 55 mm, 1/1000 Sek., f6,3, ISO 500*

⬆ *Im Kreativbereich-Modus HDR-Gegenlichtaufnahme kombiniert die EOS M eine Belichtungsreihe zu einem Ergebnis, das sowohl in den hellen als auch dunklen Bildbereichen Zeichnung aufweist. Gleichzeitig wird bei der Nachbearbeitung die Farbwiedergabe verstärkt.*

Belichtung: das magische Dreieck aus Belichtungszeit, Blende und ISO-Wert

Damit das Foto weder zu hell noch zu dunkel wird, muss genau die richtige Lichtmenge auf den Sensor treffen. Dabei sind drei Faktoren entscheidend:

- Die Blende im Objektiv legt fest, wie groß das Lichtbündel ist, das den Sensor erreicht.
- Die Belichtungs- oder Verschlusszeit bestimmt, wie lange der Verschluss in der Kamera geöffnet ist, und regelt damit die Zeitspanne, in der das Licht (durch die eingestellte Blende) auf den Sensor fällt.
- Der ISO-Wert legt fest, wie lichtempfindlich der Sensor reagiert.

Wenn Sie mit der *Automatischen Motiverkennung* oder der *Kreativ-Automatik* fotografieren, brauchen Sie sich nicht weiter um die Einstellung von Blende, Belichtungszeit und ISO-Wert zu kümmern, das übernimmt dann die Kameraautomatik für Sie.

Die drei Parameter bestimmen aber nicht nur die Helligkeit des Fotos, sondern haben zudem auch einen Einfluss auf dessen Bildwirkung.

Der Zusammenhang von Belichtungszeit und Blende ist zu Beginn nicht einfach zu verstehen. Das folgende Beispiel veranschaulicht, um was es dabei konkret geht.

Stellen Sie sich einen Luftballon vor, der prall mit Luft gefüllt werden soll. So, wie der Sensor der Digitalkamera eine bestimmte Menge an Licht braucht, damit das Foto korrekt belichtet ist, benötigen Sie eine gewisse Luftmenge, um den Luftballon prall zu füllen, ohne dass er platzt.

Um das zu erreichen, können Sie entweder kurz (das entspricht der Belichtungszeit) und kräftig pusten (das entspricht einer weit geöffneten Blende) oder Sie pusten weniger stark, dann dauert es eben entsprechend länger, bis der Luftballon gefüllt ist.

Haben Sie einen großen Luftballon (das entspricht, um im Beispiel zu bleiben, einem Sensor mit geringer Empfindlichkeit), so brauchen Sie mehr Luft als für einen kleinen Luftballon (das entspricht einer hohen Lichtempfindlichkeit).

47

Blende

Die Blende ist eine variable Öffnung im Objektiv. Je nachdem, wie weit sie geöffnet ist, fällt mehr oder weniger Licht auf den Sensor.

Die Blende sitzt im Objektiv und besteht aus fächerförmig übereinanderliegenden Lamellen, die je nach Stellung eine größere oder kleinere kreisförmige Öffnung freigeben, ähnlich wie die Pupille im menschlichen Auge. Bei den EF-M-Objektiven für die EOS M wird die Blende nicht am Objektiv selbst, sondern über das WAHLRAD auf der Kamerarückseite eingestellt und dann elektronisch gesteuert.

Die aktuellen Werte für Belichtungszeit und Blende werden während der Aufnahme am unteren Bildrand angezeigt.

Die Größe der Blendenöffnung wird als Zahlenwert angegeben. Die sogenannte Blendenzahl ist in der Blendenreihe gestuft, wobei die EOS M auch Zwischenwerte einstellen kann.

Die Blendenzahl berechnet sich aus dem Durchmesser der Blendenöffnung geteilt durch die Brennweite – daher kennzeichnet eine kleine Blendenzahl eine große Blendenöffnung. Die Formel wird auch in der Schreibweise f/8 deutlich. Das „f" steht dabei für „focallength" = Brennweite.

Große Blendenöffnung	2,8	4	5,6	8	11	16	22	32	Kleine Blendenöffnung

Die Arbeit mit den Blendenzahlen ist, gerade wenn Sie erst mit dem Fotografieren beginnen, etwas verwirrend, denn auf den ersten Blick funktioniert die Blendenreihe verkehrt herum: Eine hohe Zahl bedeutet eine kleine Blendenöffnung!

Kleine Zahl = große Blendenöffnung

Eine große Blendenzahl, z. B. f22, steht für eine kleine Blendenöffnung. Umgekehrt beschreibt eine kleine Blendenzahl, z. B. f2,8, eine große Öffnung.

Zwischen jeder vollen Stufe wird die Lichtmenge halbiert bzw. verdoppelt. Stellen Sie statt Blende 8 die Blende 11 ein, so fällt nur noch die Hälfte der ursprünglichen Lichtmenge durch das Objektiv.

In der Grundeinstellung lassen sich Blende, Belichtungszeit sowie die Belichtungskorrekturen in Drittelstufen einstellen. Falls Sie lieber mit ½-Stufen arbeiten, z. B. weil Sie aus der analogen Fotografie kommen und daher besser damit vertraut sind, können Sie über die Individualfunktionen im Kameramenü auch eine Abstufung der Belichtungswerte in halben Stufen einstellen.

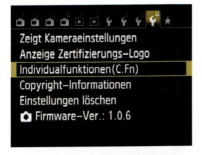

Die Individualfunktionen (C.Fn) finden Sie auf der vierten Registerkarte des gelben Einstellungen-Menüs.

Auf dem Bildschirm C.Fn I :Belichtung Einstellstufen haben Sie dann die Wahl zwischen einer Abstufung in 1/3- oder ½-Schritten für die Belichtungswerte.

Blendenzahl und Schärfentiefe

Die eingestellte Blende bestimmt neben der Helligkeit außerdem die Schärfentiefe. Je weiter Sie die Blende schließen (d. h. je höher die Blendenzahl), desto größer wird der scharf abgebildete Bereich vor und hinter dem Motiv.

Der folgende Vergleich zeigt die Auswirkung unterschiedlicher Blendenöffnungen auf die Schärfentiefe. Beide Fotos sind richtig belichtet und gleich hell – trotzdem ist die Bildwirkung ganz unterschiedlich:

Die Belichtung

⬆ *Bei weit geöffneter Blende wird die Hausfassade im Hintergrund unscharf. 55 mm, f5,6, 1/320 Sek., ISO 100*

⬆ *Durch Schließen der Blende dehnt sich die Schärfentiefe aus, und auch der Hintergrund erscheint scharf. 55 mm, f36, 1/85 Sek., ISO 1000*

Neben der eingestellten Blende hat auch die Größe des Bildsensors einen Einfluss auf die Schärfentiefe. Da die EOS M über einen Bildsensor im APS-C-Format verfügt, wie er auch in vielen semiprofessionellen Spiegelreflexkameras eingesetzt wird, bieten sich gute Möglichkeiten für die kreative Bildgestaltung mit der selektiven Schärfe – anders als bei Kompaktkameras, die aufgrund des winzigen Sensors bauartbedingt keine geringe Schärfentiefe erlauben. Zusätzlich zu Blendenwert und Sensorgröße bestimmen noch die beiden folgenden Faktoren die Ausdehnung der Schärfentiefe:

- Fotografieren Sie mit einem Weitwinkel- oder Teleobjektiv? Je länger die Brennweite, desto geringer wird die Schärfentiefe.

- Wie weit ist das Motiv entfernt? Je näher fokussiert wird, desto geringer wird die Schärfentiefe – besonders auffällig wird das bei Makroaufnahmen.

Belichtungszeit

Der zweite Steuerungsfaktor für die auf den Sensor auftreffende Lichtmenge ist die Verschluss- oder Belichtungszeit, also der Zeitraum, in dem das Licht (durch die eingestellte Blende) auf den Sensor einwirkt. Sie wird in Sekunden bzw. Sekundenbruchteilen angegeben. Wie auch bei der Blendenreihe wird von einer zur nächsten Stufe die Lichtmenge verdoppelt bzw. halbiert.

Die Belichtungszeit ist die Zeitspanne, in der der Verschluss offen ist und das Licht auf den Sensor fällt. Daher spricht man oft auch von der Verschlusszeit.

Kurze Belichtungszeit (volle Zeitstufen in Sek.)	1/4000	1/2000	1/1000	1/500	1/250	1/125	1/60	1/30
1/15	1/8	¼	0,5"	1"	2"	4"	8"	15"	30"	Lange Belichtungszeit

Die Reihenfolge der Belichtungszeiten (in ganzen Stufen). Bei konstanter Blendenzahl gilt: Von einer zur nächsten Stufe wird die Lichtmenge verdoppelt bzw. halbiert. Stellen Sie z. B. statt 1/125 eine Belichtungszeit von 1/250 ein, so gelangt nur noch halb so viel Licht auf den Sensor.

Bei Außenaufnahmen im Sonnenschein (und einer mittleren Blendenzahl sowie einer „normalen" Filmempfindlichkeit, z. B. ISO 100) beträgt die Belichtungszeit den Bruchteil einer Sekunde, z. B. 1/60 Sek. oder 1/125 Sek. Im Sucher und auf dem Display wird dabei nur der Nenner der Belichtungszeit angezeigt. Sehen Sie auf dem Kameramonitor ganz links den Wert 250, so symbolisiert das eine Belichtungszeit von 1/250 Sek.

In besonderen Situationen, z. B. bei Nachtaufnahmen oder dem Fotografieren in Innenräumen, sind längere Belichtungszeiten erforderlich, die unter Umständen mehrere Sekunden oder sogar Minuten dauern können.

Lange Belichtungszeiten im Sekundenbereich werden durch ein Zollzeichen („) markiert. Die Anzeige 4" steht also für eine Belichtungszeit von vier Sekunden.

Belichtungszeit und Bewegungsunschärfe

Durch die Wahl der Belichtungszeit bestimmen Sie, wie bewegte Objekte im Foto wiedergegeben werden:

- Mit einer kurzen Belichtungszeit halten Sie den Bewegungsablauf als scharfe Momentaufnahme fest.
- Mit langen Belichtungszeiten entstehen Fotos mit dynamischer Bewegungsunschärfe.

Lange Belichtungszeiten (1/30 oder länger)	Nachtaufnahmen, Wischeffekte von bewegten Objekten wie Autos oder Wasserfällen
Mittlere Belichtungszeiten (1/60 – 1/250)	Standardeinstellung für unbewegte Motive
Kurze Belichtungszeiten (1/500 – 1/8000)	„Einfrieren" von Bewegungen, z. B. für Fotos von Kindern beim Spielen oder Sportaufnahmen

Welche Belichtungszeit eignet sich für welches Motiv?

Belichtung: Das magische Dreieck aus Belichtungszeit, Blende und ISO-Wert

⬆ *Durch die kurze Belichtungszeit wird das Riesenrad scharf abgebildet. 18 mm, f3,5, 1/400 Sek., ISO 3200*

⬆ *Durch die lange Belichtungszeit wird die Drehbewegung des Riesenrades als Wischeffekt aufgezeichnet. 18 mm, f14, 10 Sek., ISO 100*

Die Freihandgrenze

Wenn die Belichtungszeit zu lang wird, laufen Sie Gefahr, dass das Foto verwackelt.

Eine einfache Faustregel, die ursprünglich aus der analogen Fotografie stammt, lautet: Die Belichtungszeit in Sekunden darf nicht länger sein als die Brennweite in Millimetern. Fotografieren Sie z. B. mit einem 50-mm-Objektiv, so sollten Sie eine Belichtungszeit von 1/60 Sek. oder kürzer einstellen, damit das Bild nicht verwackelt.

Wenn Sie mit der EOS M fotografieren, gilt eine etwas modifizierte Form dieser einfachen Faustregel. Zunächst einmal gilt die Faustformel für die kleinbildäquivalente Brennweite. Nehmen wir an, Sie fotografieren mit der längsten Brennweite des Kit-Objektivs. Da der Formatfaktor bei der EOS M 1,6 beträgt, gilt 55 * 1,6 = 88. Als längste Belichtungszeit könnten Sie also 1/90 Sek. einstellen.

Da das EF-M 18-55mm f/3.5-5.6 IS STM mit einem Bildstabilisator ausgestattet ist, dürfen Sie die Belichtungszeit 3- bis 4-mal um den Faktor 2 verlängern. Statt der 1/90 Sek. als längster Belichtungszeit gelingen daher auch bei 1/10 Sek. noch scharfe Bilder, vorausgesetzt, das Motiv bewegt sich nicht und Sie besitzen eine einigermaßen ruhige Hand.

⬆ *Der Bildstabilisator des EF-M 18-55mm f/3.5-5.6 IS STM erlaubt verwackelungsfreie Aufnahmen auch bei verhältnismäßig langen Belichtungszeiten. Am besten probieren Sie Ihre persönliche Freihandgrenze einfach einmal aus. 55 mm, f5,6, 1/25 Sek., ISO 1600*

ISO-Wert

Der ISO-Wert ist ein Maß für die Lichtempfindlichkeit des Sensors und damit die dritte für die Belichtung relevante Größe: Je höher Sie den ISO-Wert an der EOS M einstellen, desto weniger Umgebungslicht ist für die korrekte Belichtung erforderlich.

◂ Drücken Sie die `Info.` - Taste, um den entsprechenden Schnelleinstellungsbildschirm zu öffnen, markieren Sie den Eintrag für den ISO-Wert und drücken Sie die `Q/SET` -Taste.

◂ Auf dem nächsten Bildschirm können Sie dann den gewünschten ISO-Wert mit dem WAHLRAD einstellen und mit einem Druck auf die `Q/SET` -Taste übernehmen.

Bei der EOS M können Sie den ISO-Wert von ISO 100 bis ISO 12800 einstellen. Über die Individualfunktionen lässt sich zusätzlich die ISO-Erweiterung auf „H" (entspricht ISO 25600) aktivieren.

In den Motivbereich-Modi wird der ISO-Wert automatisch aus dem Bereich ISO 100 – 6400 gewählt.

ISO 100 – 400	Außenaufnahmen bei Sonnenschein
ISO 400 – 1600	Fotos bei bedecktem Himmel oder früh am Morgen bzw. spät am Abend
ISO 1600 – 25600	Nacht- oder Innenaufnahmen ohne Stativ

⬆ Das Lichtangebot bestimmt den erforderlichen ISO-Wert.

Bei Digitalkameras hat der ISO-Wert (International Organization for Standardization) die früher bei Filmen übliche Angabe DIN und ASA ersetzt. Eine Lichtempfindlichkeit von

Die Belichtung

ISO 100 entspricht einer Lichtempfindlichkeit von DIN 21 oder ASA 100. Eine Verdoppelung des ISO-Werts entspricht dem Zuwachs einer Zeit- bzw. Blendenstufe.

Eine Verdoppelung der ISO-Zahl bedeutet daher den „Gewinn" einer Lichtstufe. Stellen Sie statt ISO 100 die Empfindlichkeit auf ISO 200, so können Sie die Blende eine Stufe stärker schließen (z. B. Blende 16 statt Blende 11) oder die Belichtungszeit halbieren (z. B. 1/250 statt 1/500).

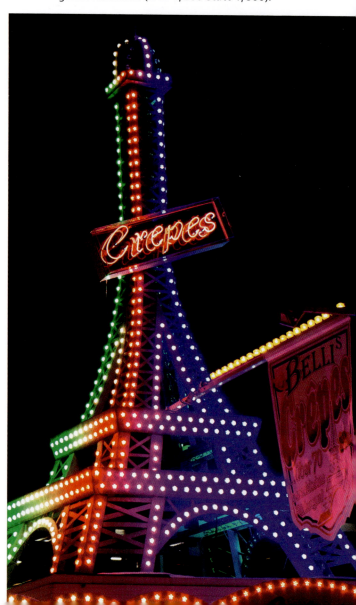

▶ *Ob des Nachts oder in Innenräumen: Wenn das Licht knapp wird, müssen Sie entweder ein Stativ verwenden oder den ISO-Wert erhöhen. 55 mm, f5,6, 1/100 Sek., ISO 1600*

Die ISO-Empfindlichkeitseinstellung *Auto* steht für die ISO-Automatik, bei der die Kamera die ISO-Einstellung entsprechend der Lichtverhältnisse selbstständig wählt. Die tatsächliche für die Aufnahme verwendete ISO-Empfindlichkeit wird dann im Sucher und auf dem LCD-Display angezeigt, sobald Sie den Auslöser halb durchdrücken.

Bei Blitzaufnahmen erzielen Sie durch einen höheren ISO-Wert an der Kamera eine größere Reichweite des Blitzgeräts.

ISO-Wert und Bildrauschen

Die hohen Lichtempfindlichkeiten der EOS M sind eine tolle Sache, um auch bei wenig Licht noch zu Fotos zu kommen. Einen Haken hat das Ganze allerdings: Je höher die Lichtempfindlichkeit, desto stärker wird das Bildrauschen.

Erhöhen Sie den ISO-Wert, so reicht dem Sensor eine geringe Lichtmenge für die korrekte Belichtung aus. Damit das funktioniert, muss das Signal des Sensors verstärkt werden. Das Problem dabei: Die durch die einfallenden Lichtstrahlen erzeugten Signale rücken näher an die internen Störsignale heran, und es wird für den Bildprozessor schwieriger, beide voneinander zu unterscheiden.

Je höher die Lichtempfindlichkeit, desto schlechter das Signal-Rausch-Verhältnis. Erhöhen Sie z. B. den ISO-Wert auf 6400, so werden nicht nur die schwachen Signale elektronisch verstärkt, sondern auch das Rauschen.

Ist das Signal des einfallenden Lichts nicht wesentlich stärker als die Störsignale, so wird das Bildrauschen sichtbar und äußert sich in Form zufällig angeordneter Pixel oder Pixelgruppen mit fehlerhafter Farbwiedergabe. Besonders deutlich tritt das Störmuster in einheitlichen (vor allem dunklen) Flächen auf, und es bilden sich hässliche „Klötzchen".

Aber keine Angst. Die Bildsensoren der Digitalkameras sind in den letzten Jahren immer empfindlicher geworden, und so liefert die EOS M selbst bei früher unvorstellbar hohen ISO-Werten erstaunlich rauschfreie Fotos. Zaubern können aber auch die Ingenieure bei Canon nicht, und der extreme maximale ISO-Wert von ISO 25 600 taugt eher für Experimente oder nächtliche Spionageeinsätze als für die Fotografie.

Durch eine gezielte Weichzeichnung des Fotos nach der Aufnahme lässt sich der negative Eindruck des Bildrauschens reduzieren. Das Kameramenü bietet deshalb eine Funktion zur Rauschunterdrückung direkt nach dem Fotografieren (ab *Seite 149*), oder Sie rücken den unerwünschten Störpixeln bei der Nachbearbeitung am Computer zu Leibe, z. B. im RAW-Konverter Digital Photo Professional von der Canon-CD-ROM (ab *Seite 284*).

⬆ *32 mm, f4,5, 1/15 Sek., ISO 6400*

⬆ *In der Ausschnittsvergrößerung wird das Bildrauschen deutlich sichtbar.*

Die Kreativ-Programme: fotografieren statt knipsen

Mit dem Hintergrundwissen zu den drei Faktoren Blende, Belichtungszeit und ISO-Wert öffnen sich beim Fotografieren ganz neue Möglichkeiten. Sie drücken nicht mehr einfach nur auf den Auslöser, sondern können die Einstellungen ganz gezielt treffen und zum Beispiel die Blende weit öffnen, um eine schöne Rose vor unscharfem Hintergrund freizustellen, oder den Sportler beim Weitsprung mit einer kurzen Belichtungszeit einfrieren und zeigen, wie der Sand bei der Landung aufspritzt.

Damit Sie Ihre Fotos mit der Wahl von Belichtungszeit und Blende bewusst gestalten können, bietet Ihnen die EOS M unterschiedliche Kreativ-Programme. Welche das im Einzelnen sind und welches sich für welche Aufnahmen am besten eignet, lesen Sie im folgenden Abschnitt.

Programmautomatik (P)

Die *Programmautomatik* (Symbol *P*) funktioniert auf den ersten Blick ähnlich wie die *Automatische Motiverkennung* oder die *Kreativ-Automatik*, und der Kameracomputer regelt selbstständig Blende und Belichtungszeit.

Die Einstellung *P* ist ideal für Schnappschüsse.

Die beiden Vollautomatiken greifen aber noch viel weiter in die Aufnahme ein. So wird nicht nur die Belichtungssteuerung übernommen, sondern die Kamera regelt auch diverse weitere Aufnahmeparameter, wie z. B. den Autofokus-Modus, die Art der Belichtungsmessung und viele Einstellungen mehr, die Sie nicht verändern können.

Die Programmautomatik bietet sich insbesondere für spontanes Fotografieren an. Dank der Möglichkeit zur Programmverschiebung können Sie die automatischen Einstellungen schnell an Ihre Bedürfnisse anpassen. 55 mm, f8, 1/250 Sek., ISO 100

Die Belichtung

⏵ *Der* `Info.` *- Schnelleinstellungsbildschirm bei der Automatischen Motiverkennung. Sie müssen nichts weiter einstellen, könnten es aber auch nicht, selbst wenn Sie wollten.*

In der Programmautomatik wählt die Kamera dagegen wirklich nur Blende und Belichtungszeit. Alle davon unabhängigen weiteren Einstellungen können Sie im Kameramenü nach Belieben selbst vornehmen.

⏵ *Die Programmautomatik kümmert sich ausschließlich um Belichtungszeit und Blende. Alle anderen Einstellungen können Sie nach Belieben ändern.*

Sie müssen nicht zwangsläufig mit der von der EOS M vorgeschlagenen Zeit-Blenden-Kombination fotografieren. Mit der Programmverschiebung, auch „Shift" genannt, ändern Sie Belichtungszeit und Blendenzahl zusammen im Doppelpack, die Helligkeit des Fotos bleibt also gleich.

So verschieben Sie die automatisch von der Kamera eingestellte Zeit-Blenden-Kombination:

> An der Gesamthelligkeit ändert sich durch die Programmverschiebung nichts – der Programm-Shift ist keine Belichtungskorrektur!

1. Drücken Sie den Auslöser halb durch, sodass Belichtungszeit und Blendenzahl angezeigt werden.

2. Drehen Sie am Wahlrad, bis die gewünschte Zeit-Blenden-Kombination angezeigt wird.

Die Programmverschiebung wird automatisch gelöscht, sobald Sie das Foto aufgenommen haben, und funktioniert nicht bei Aufnahmen mit angesetztem Blitzgerät.

DIE KREATIV-PROGRAMME: FOTOGRAFIEREN STATT KNIPSEN

Blendenautomatik (Tv)

Bei der Blendenautomatik *Tv* (= Time value) stellen Sie die Verschlusszeit mit dem WAHLRAD ein, und die Kamera steuert die dazu passende Blende. Diese Einstellung ist immer dann zu empfehlen, wenn es darum geht, mittels der Belichtungszeit das Bildergebnis zu beeinflussen, z. B. wenn eine schnelle Bewegung im Bild festgehalten und „eingefroren" werden soll.

Die Einstellung *Tv* kann u. a. gut genutzt werden, um bei Teleobjektiven eine bestimmte Verschlusszeit nicht zu unterschreiten.

Diese Aufnahme zeigt Verladekräne im Hamburger Hafen und ist mit dem Teleobjektiv EF 200mm f2,8L USM am EF-EOS M-Adapter entstanden. Um bei der langen Brennweite keine Verwackelungsunschärfe zu riskieren, wählte ich die Blendenautomatik und stellte eine kurze Belichtungszeit von 1/1000 Sek. ein. 200 mm, f5,6, 1/1000 Sek., ISO 1000

61

DIE BELICHTUNG

Die Einstellung *Av* erlaubt kreatives Gestalten mit der Schärfentiefe.

Verschlusszeitautomatik (Av)

Bei der Kreativ-Automatik *Av* (Aperture value = Blendenwert) wählen Sie mit dem Wahlrad die gewünschte Blendenzahl, und die EOS M stellt automatisch die dazu passende Belichtungszeit ein.

Die Zeitautomatik ist die richtige Einstellung für alle Fotos, bei denen Sie die Schärfeverteilung im Bild exakt kontrollieren wollen:

- Wollen Sie das Foto vom Vordergrund bis zum Hintergrund scharf haben, stellen Sie eine hohe Blendenzahl (d. h. eine kleine Blendenöffnung) für eine große Schärfentiefe ein.
- Um den Hintergrund, z. B. bei Porträts, in der Unschärfe verschwinden zu lassen, stellen Sie eine kleine Blendenzahl (d. h. eine große Blendenöffnung) für eine geringe Schärfentiefe ein.

⬆ *Für dieses Foto wählte ich die Zeitautomatik und öffnete die Blende, damit nur die Statue im Vordergrund scharf erscheint. 55 mm, f5,6, 1/100 Sek., ISO 200*

Kontrolle der Schärfentiefe vor der Aufnahme

Damit der Autofokus exakt scharf stellen und die EOS M ein möglichst helles und detailreiches Bild auf dem Monitor anzeigen kann, ist die Blende im Objektiv vor der Aufnahme stets voll geöffnet. Erst wenn Sie den Auslöser ganz durchdrücken, schließen sich die Lamellen entsprechend der eingestellten Blendenzahl.

◘ *Für ein möglichst helles Bild auf dem Kameramonitor ist die Blende vor der Aufnahme vollständig geöffnet und die angezeigte Schärfentiefe entsprechend gering.*

Der Kameramonitor zeigt daher vor der Aufnahme immer nur eine geringe Schärfentiefe, unabhängig davon, welche Blendenzahl Sie für die Aufnahme eingestellt haben. Um einen Eindruck von der endgültigen Schärfeverteilung entsprechend der von Ihnen gewählten Blende zu bekommen, können Sie die EOS M so konfigurieren, dass ⎣↓⎦-Wahlrad wie die Abblendtaste bei einer DSLR funktioniert, und sobald Sie die Taste drücken, wird die Blende auf die eingestellte Größe geschlossen, und die Monitoranzeige gibt einen Eindruck von der Schärfentiefe im Foto.

◘ *Über die Individualfunktionen lässt sich die Tastenbelegung des Wahlrads ändern, und Sie bekommen so einen Abblendknopf, wie Sie ihn vielleicht von Ihrer DSLR kennen.*

Die Tastenbelegung müssen Sie im Kameramenü ändern:

1 Öffnen Sie das Kameramenü mit einem Druck auf die Menu-Taste.

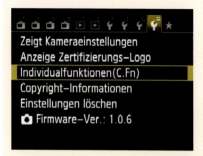

◧ *Die Individualfunktionen verstecken sich im vierten gelben Einstellungen-Menü.*

2 Scrollen Sie zum Menüeintrag *Individualfunktionen (C.Fn)* und dort zu Option 6: *Tastenfunktion* und stellen Sie *1: Schärfentiefe-Kontrolle* ein.

◧ *Sie können der ↓-WAHLRAD-Taste verschiedene Funktionen zuweisen.*

3 Drücken Sie nun leicht auf den Auslöser, um das Kameramenü zu schließen.

4 Drücken Sie nun vor der Aufnahme auf ↓-WAHLRAD, so wird auf den eingestellten Blendenwert abgeblendet, und Sie können die Schärfentiefe auf dem Monitor vorab überprüfen.

Manuelle Belichtungssteuerung

 Die *Manuelle Belichtungssteuerung* ist das absolute Gegenteil zur Programmautomatik, und Sie müssen sowohl Blende als auch Belichtungszeit unabhängig voneinander einstellen:

Die Einstellung *M* eignet sich für spezielle fotografische Aufgaben, z. B. die Panoramafotografie, bei der die Einzelaufnahmen einer Serie mit identischen Belichtungseinstellungen aufgenommen werden sollen.

▶ Mit dem Wahlrad stellen Sie zunächst die gewünschte Belichtungszeit ein.

1 Drehen Sie am WAHLRAD, um die gewünschte Belichtungszeit einzustellen.

▶ Mit [→]-WAHLRAD wechseln Sie zwischen der Einstellung von Blende und Belichtungszeit hin und her.

2 Drücken Sie anschließend [→]-WAHLRAD, um zum Blendenwert zu wechseln.

3 Stellen Sie nun durch Drehen am WAHLRAD den richtigen Blendenwert ein.

Falls Belichtungszeit, Blende und Lichtwaage nicht am unteren Bildschirmrand eingeblendet werden, drücken Sie so oft die [Info.]-Taste, bis sie angezeigt werden.

▶ Die Belichtungsstufenanzeige signalisiert die Belichtung. Die richtige Helligkeit liegt dann vor, wenn der kleine Strich unterhalb des mittleren Standardbelichtungsindex liegt.

Der Sucher zeigt eine Belichtungsskala an, und die richtige Belichtung ist dann erreicht, wenn die Belichtungswertmarkierung (das ist der untere Strich) genau in der Mitte zum Liegen kommt. Eine Anzeige im Plus- oder Minusbreich zeigt eine Über- oder Unterbelichtung an.

Die manuelle Belichtungssteuerung ist zwar langsam, dafür behalten Sie aber die volle Kontrolle, und auch gezielte „Fehlbelichtungen" sind ohne weitere Korrekturen möglich, z. B. eine reichliche Belichtung für strahlend helle High-Key-Aufnahmen.

Die Belichtung

Aufnahmen mit (extrem) langen Belichtungszeiten

Die längste Belichtungszeit, die Sie an der EOS M direkt einstellen können, beträgt 30 Sekunden (Anzeige: 30"), und das reicht für die meisten Nachtaufnahmen auch aus. In manchen Fällen, z. B. bei Feuerwerksaufnahmen oder für kreative Experimente, werden aber sogar noch längere Belichtungszeiten benötigt.

Wenn Sie bereits einmal mit einer Spiegelreflexkamera fotografiert haben, kennen Sie vielleicht die *Bulb*-Einstellung, in der der Verschluss so lange geöffnet bleibt, bis Sie den Auslöser wieder loslassen.

Die Bulb-Einstellung erreichen Sie ausschließlich in der manuellen Belichtungssteuerung.

Auch die EOS M bietet Ihnen eine solche *Bulb*-Funktion, mit der Sie beliebig lange Belichtungszeiten realisieren können. Allerdings hat Canon die Einstellung etwas versteckt, und zwar im Kreativ-Programm für die manuelle Belichtungssteuerung:

1. Wählen Sie den Kreativbereich-Modus *M*.

2. Rufen Sie durch (ggfs. mehrmaliges) Drücken der `Info.`-Taste den entsprechenden Schnelleinstellungsbildschirm auf.

3. Tippen Sie auf das Feld für die Belichtungszeit und scrollen Sie dann mit dem Wahlrad ganz nach links: Hinter der längsten Belichtungszeit von 30 Sekunden finden Sie dann die *Bulb*-Einstellung.

◧ *In der Bulb-Einstellung bleibt der Verschluss so lange geöffnet, wie Sie den Auslöser gedrückt halten.*

4 Drücken Sie nun auf den Auslöser, so bleibt der Verschluss so lange geöffnet, wie Sie den Auslöser festhalten, und ein Timer in der unteren rechten Ecke des Kameramonitors zeigt Ihnen die verstrichene Belichtungszeit an.

Das Herunterdrücken des Auslösers im *Bulb*-Modus hält zwar den Verschluss offen, aber natürlich ist die Gefahr von Verwacklungen durch den ständigen Kontakt mit der Kamera sehr groß. Am besten funktionieren solche extremen Langzeitbelichtungen daher mit einer separaten IR-Fernbedienung: Sobald Sie das erste Mal die Fernbedienung betätigen, wird der Verschluss geöffnet, am Ende der gewünschten Belichtungszeit können Sie den Verschluss dann ganz einfach durch einen erneuten Druck auf die Fernbedienung schließen.

Belichtungskorrektur

In den meisten Fällen „passt" die von der EOS M vorgeschlagene Kombination von Blende und Belichtungszeit. Sie müssen sich aber nicht zwingend daran halten und können, z. B. bei schwierigen Motiven wie Sonnenuntergängen oder Gegenlichtaufnahmen, eine Belichtungskorrektur in Drittelschritten von bis zu +/- 3 Stufen vornehmen.

Trotz aller Elektronik kann die EOS M nicht genau wissen, was für ein Motiv Sie gerade fotografieren. Der kamerainterne Belichtungsmesser misst immer nur das vom Objekt reflektierte Licht. Bei einem sehr hellen Motiv, z. B. einer Porträtaufnahme am Strand vor hell glitzerndem Meer, denkt sich der Kameracomputer in etwa: „Das ist aber ein sehr helles Bild, ich dunkle wohl besser etwas ab." Im Ergebnis

Eine Belichtungskorrektur ist in allen Kreativbereich-Modi außer der *Manuellen Belichtung* (*M*) möglich.

Die Belichtung

führt das dann dazu, dass die Person, auf die es Ihnen wahrscheinlich ankommt, viel dunkler wiedergegeben wird. Fotografieren Sie dagegen eine Person vor einem sehr dunklen Hintergrund, so meldet der Kameracomputer: „Die Aufnahme ist ganz schön dunkel. Ich helle sie besser etwas auf." So zeigt das Foto dann eine graue statt einer schwarzen Wand, und die Person selbst wird viel zu hell wiedergegeben.

▶ Bei diesem Sonnenuntergang ergibt die Belichtungsmessung der EOS M ein zu helles Bild (fotografiert im Kreativbereich-Modus Av). 18 mm, f8, 1/160 Sek., ISO 250

▶ Abhilfe schafft eine Belichtungskorrektur von –1. 18 mm, f8, 1/180 Sek., ISO 250

Bei allen Motiven, die nicht ausgewogen beleuchtet sind, heißt es daher: Aufgepasst! Kontrollieren Sie das Foto auf dem Kameradisplay und korrigieren Sie die Belichtung, wenn die Kameraelektronik sich irrt.

So verwenden Sie die Belichtungskorrektur, wenn die automatisch ermittelte Belichtung nicht die gewünschte Helligkeit liefert:

◨ *Eine Belichtungskorrektur ist u. a. auf dem Info.-Schnelleinstellungsbildschirm möglich.*

1 Drücken Sie die `Info.` -Taste so häufig, bis der Schnelleinstellungsbildschirm angezeigt wird.

2 Tippen Sie doppelt auf das Feld mit der Belichtungsskala.

◨ *Mit einer Skala stellen Sie die gewünschte Korrektur ein.*

3 Verschieben Sie die Belichtungsmarkierung durch Wischen mit einem Finger auf der Skala an die gewünschte Position. Alternativ können Sie dazu auch ←/→ -WAHLRAD drücken.

Führen Sie eine Minuskorrektur durch, um eine dunklere Version des Fotos aufzunehmen.

Verschieben Sie den orangefarbenen Balken nach rechts in den positiven Bereich, so wird das Bild heller.

Sie können die Belichtungskorrektur auch direkt während der Aufnahme vornehmen. Das ist sogar noch etwas komfortabler als über den Schnelleinstellungsbildschirm, denn so lässt sich die endgültige Helligkeit des Fotos gleich auf dem Bildschirm überprüfen:

▶ *In diesem Fall würde die Selektivmessung durch den weißen Hintergrund zu einer unterbelichteten Aufnahme führen. Eine Korrektur um +1,5 Stufen sorgt für die richtige Helligkeit.*

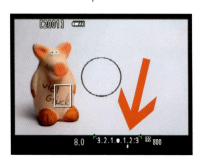

Vergessen Sie nach dem Fotografieren nicht, die Belichtungskorrektur wieder auf 0 zu setzen, ansonsten wundern Sie sich bei den folgenden Aufnahmen über eine vermeintliche „Fehlbelichtung".

1 Drücken Sie die ⌞Info.⌟-Taste so häufig, bis die Belichtungskorrekturanzeige am unteren Bildschirmrand angezeigt wird.

2 Tippen Sie nun auf die Belichtungskorrekturskala.

3 Ziehen Sie die grüne Markierung an die gewünschte Position. Sie können dazu auch die beiden Felder + und − nutzen oder die Korrektur mit ⌞←⌟ ⌞→⌟-Wahlrad vornehmen.

Belichtungsreihenautomatik

Gerade in schwierigen Beleuchtungssituationen und wenn Sie auf der sicheren Seite sein wollen, z. B. weil es sich um eine einmalige Gelegenheit handelt, die Sie so nicht wieder vor das Objektiv bekommen, sind Belichtungsreihen der sicherste Weg zu richtig belichteten Aufnahmen.

Belichtungsreihen sind ein nützliches Hilfsmittel, wenn Sie sich nicht im Klaren über die richtige Belichtung sind.

DIE KREATIV-PROGRAMME: FOTOGRAFIEREN STATT KNIPSEN

◀ Die Fotos dieser Serie sind mit −2,0 und +2 Lichtwerten aufgenommen. Belichtungsreihen mit so großen Schritten eignen sich in erster Linie als Ausgangsmaterial für HDR-Bilder. Feiner abgestuft eignen sie sich gut, um die passende Belichtung später am Computer auszusuchen.

Die Belichtung

Die Belichtungsreihenautomatik (AEB = Auto Exposure Bracketing) der EOS M nimmt hintereinander drei Aufnahmen mit der ermittelten Belichtung sowie jeweils ein unter- und ein überbelichtetes Foto auf. Möglich ist dabei eine Spannweite von −2 bis +2 Stufen in Drittelschritten:

1 Drücken Sie die `Info.`-Taste, bis der dazugehörige Schnelleinstellungsbildschirm angezeigt wird.

2 Tippen Sie doppelt auf die Belichtungskorrekturskala oder wählen Sie sie mit dem Hauptwahlrad aus und drücken Sie anschließend die `Q/SET`-Taste.

▶ *Die Belichtungsreihenautomatik teilt sich den Bildschirm mit der Belichtungskorrektur.*

3 Drehen Sie nun das Wahlrad, um den Bereich für die Belichtungsreihenautomatik einzustellen.

Haben Sie die Betriebsart *Einzelbild* an der Kamera eingestellt, dann müssen Sie nun dreimal hintereinander auf den Auslöser drücken, um jede Aufnahme der Belichtungsreihe aufzunehmen. Am besten funktioniert die Belichtungsreihenautomatik daher in Verbindung mit einer *Reihenaufnahme*. Sobald Sie den Auslöser durchdrücken, nimmt die Kamera hintereinander die drei Bilder auf, und zwar in der Reihenfolge Standardbelichtung, Unterbelichtung und Überbelichtung.

Nutzen Sie die Betriebsart *Reihenaufnahme*, ansonsten müssen Sie den Auslöser dreimal hintereinander betätigen, um die komplette Belichtungsreihe aufzunehmen.

Die Methoden der Belichtungsmessung

Scheuen Sie sich nicht, von der Belichtungsreihenautomatik Gebrauch zu machen. In der Digitalfotografie kostet Sie die einzelne Aufnahme praktisch nichts, und Sie können nach der Fototour in Ruhe am Bildschirm die passende Belichtungsvariante auswählen und die restlichen Dateien löschen.

Die Belichtungsreihenautomatik wird nach der Aufnahme nicht automatisch beendet. Soll vom nächsten Motiv keine Belichtungsreihe aufgenommen werden, so müssen Sie die Belichtungsreihenautomatik wie in Schritt 1 bis 3 beschrieben deaktivieren. Wenn Sie die Kamera nach der Aufnahme einer Belichtungsreihe mit dem `On/Off`-Hauptschalter abschalten, ist die Funktion beim nächsten Einschalten der Kamera deaktiviert.

Die Methoden der Belichtungsmessung

Sobald Sie den Auslöser halb durchdrücken, wird der Belichtungsmesser in der EOS M aktiv und ermittelt die erforderliche Lichtmenge für die richtige Belichtung.

Im nächsten Schritt wird dieser Lichtwert dann in die passende Zeit-Blenden-Kombination umgerechnet. Die aktuellen Werte für die anstehende Aufnahme werden unten auf dem Kameramonitor angezeigt und bleiben nach dem Loslassen des Auslösers für etwa vier Sekunden sichtbar.

So ändern Sie die Messmethode für die Ermittlung der Belichtung an der EOS M:

Der Belichtungsmesser der EOS M misst stets das vom Motiv in Richtung Kamera reflektierte Licht. Man spricht daher auch von einer Objektmessung.

Am einfachsten lässt sich die Messmethode auf dem Schnelleinstellungsbildschirm wechseln.

Die Belichtung

1 Rufen Sie vor der Aufnahme mit der `Info.`-Taste den Schnelleinstellungsbildschirm auf.

2 Tippen Sie in der unteren Symbolreihe auf das Feld für die Belichtungsmessmethode.

▶ *Die EOS M verfügt über vier verschiedene Messmethoden.*

3 Tippen Sie auf dem folgenden Bildschirm auf das Symbol der gewünschten Messmethode.

4 Berühren Sie nun leicht den Auslöser, um den Schnelleinstellungsbildschirm zu schließen. Sie können jetzt wie gewohnt fotografieren. Die in Schritt 3 ausgewählte Messmethode bleibt dauerhaft aktiviert, bis Sie eine andere Messmethode einstellen.

Die EOS M bietet Ihnen vier verschiedene Arten zur Ermittlung der Motivhelligkeit an, wobei jede Messmethode ihre Stärken und Schwächen hat. Auf den folgenden Seiten erfahren Sie, wie die einzelnen Messmethoden arbeiten und welche Einstellung sich für welches Motiv am besten eignet.

Mehrfeldmessung

 Für die Mehrfeldmessung wird das gesamte Bildfeld in 315 Zonen unterteilt und die Lichtmenge für jede dieser Zonen separat ermittelt. Zusätzlich fließen weitere Daten, z. B. die Farbverteilung im Bild, die Lage des aktiven Autofokus-Messfelds sowie die Entfernungseinstellung des Objektivs, mit in die Berechnung ein.

Anschließend leistet der Bildprozessor der EOS M Schwerstarbeit und vergleicht die ermittelten Daten mit einer kamerainternen Motivdatenbank. Ein hoher Grünanteil

Die Methoden der Belichtungsmessung

deutet z. B. auf ein Landschaftsbild hin, überwiegen dagegen die Hauttöne, so handelt es sich wohl eher um eine Porträtaufnahme – so vergleicht der Kameracomputer alle gesammelten Daten, um die passenden gespeicherten Vorgaben auszuwählen und daraus durch die unterschiedlichen Gewichtungen der einzelnen Messzonen den optimalen Belichtungswert zu errechnen.

Bei *Automatischer Motiverkennung* und *Kreativ-Automatik* wird immer die Mehrfeldmessung genutzt.

Die Mehrfeldmessung ist eine sehr universelle Messmethode und die richtige Wahl, wenn Sie sich möglichst wenig Gedanken über notwendige Korrekturen machen wollen.

Die Mehrfeldmessung funktioniert in vielen Situationen sehr zuverlässig und meistert sogar schwierige Motive wie diese Winterlandschaft ohne Probleme. 42 mm, f8, 1/250 Sek., ISO 250

Mittenbetonte Messung

Die mittenbetonte Messung führt immer dann zu einem guten Ergebnis, wenn Sie ein zentral angeordnetes Motiv fotografieren, das sehr viel heller oder dunkler ist als der Hintergrund.

Bei der mittenbetonten Integralmessung wird die Helligkeit ebenfalls über das gesamte Bildfeld gemessen, für die Berechnung des Lichtwerts wird aber ein größerer Bereich im Zentrum des Motivs stärker berücksichtigt. Diese Messmethode arbeitet nicht ganz so ausgeklügelt wie die Mehrfeldmessung. Weil keine automatischen Korrekturen durch den Kameracomputer vorgenommen werden, bietet diese Messmethode aber gute Voraussetzungen, um selbst gezielt die notwendigen Belichtungskorrekturen zu treffen.

Selektivmessung

Die Selektivmessung eignet sich gut für kontrastreiche Motive, bei denen das Hauptmotiv in der richtigen Helligkeit wiedergegeben werden soll.

Bei der Selektivmessung wird die Helligkeit nur in einem engen Ausschnitt im Bildzentrum gemessen. Diese Messmethode ist ideal bei hohen Kontrasten im Bild, z. B. bei Gegenlichtaufnahmen, wenn der Hintergrund sehr viel heller ist als das eigentliche Motiv und dieses mit der „richtigen" Helligkeit wiedergegeben werden soll. Ein typischer Anwendungsfall sind zum Beispiel Konzertfotos. Durch den eng begrenzten Messbereich wird die Belichtungsmessung nicht durch die hellen Strahler der Bühnenbeleuchtung getäuscht.

▶ *Der schwarze Kreis auf dem Monitor zeigt den Bereich an, den die Belichtungsmessung berücksichtigt.*

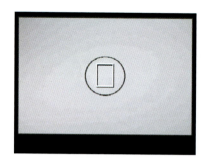

Spotmessung

 Bei der Spotmessung wird nur ein ganz eng begrenzter Kreis in der Suchermitte für die Belichtungsmessung herangezogen, es handelt sich also im Prinzip um eine sehr eng gefasste Selektivmessung. Diese Messmethode bietet sich für schwierige Motiv- und Lichtsituationen an, in denen gezielt Details ausgemessen werden sollen, z. B. um den Kontrastumfang (d. h. Helligkeitsunterschied zwischen Lichtern und Schatten) zu bestimmen.

> Die Spotmessung beschränkt sich auf einen kleinen Bereich in der Suchermitte und erlaubt das gezielte Ausmessen einzelner Motivdetails. Vergessen Sie anschließend nicht, die Messcharakteristik wieder zurückzustellen!

◁ Bei der Spotmessung wird nur ein enger Kreis in der Bildmitte für die Ermittlung der Belichtung herangezogen.

Die Spotmessung ist eine sehr zuverlässige Messmethode, vor allem bei schwierigen Lichtverhältnissen. Sie ist allerdings nicht ganz einfach zu handhaben und benötigt viel Erfahrung. Da nur ein sehr kleiner Bereich des Bildes für die Belichtungsmessung herangezogen wird, will die Auswahl des Messpunkts wohlüberlegt sein – schon eine kleine Verschiebung des Messbereichs führt zu gravierend abweichenden Belichtungswerten.

Belichtungs-Messwertspeicher (AE-Speicherung)

Die mittenbetonte Messung sowie Selektiv- und Spotmessung berücksichtigen insbesondere die Helligkeit in der Bildmitte. Befindet sich Ihr Hauptmotiv außerhalb des Zentrums, so können Sie den Messwertspeicher für die Belichtung (AE-Speicherung) nutzen, um dennoch die korrekten Belichtungseinstellungen für die Aufnahme zu verwenden.

Die AE-Speicherung ist immer dann sinnvoll, wenn der Fokussierbereich nicht mit dem Belichtungsmessbereich übereinstimmt oder Sie eine Aufnahmeserie mit konstanter Belichtung (z. B. mehrere Einzelbilder für ein Panorama) fotografieren möchten.

◘ Die ⁎-Taste aktiviert den Messwertspeicher.

Gehen Sie für Motive außerhalb der Suchermitte wie folgt vor, um die Belichtung zu speichern:

1 Drücken Sie den Auslöser halb durch, bis das Objektiv scharf stellt und die Belichtungseinstellungen auf dem Kameramonitor angezeigt werden.

2 Drücken Sie nun die ⁎-Taste. Zur Bestätigung, dass die Belichtungseinstellungen gespeichert wurden, wird das *-Symbol auf dem Kameradisplay neben Belichtungszeit und Blendenwert angezeigt.

3 Nun können Sie den Auslöser loslassen. Bestimmen Sie den Bildausschnitt neu und drücken Sie erneut auf den Auslöser, um scharf zu stellen und das Foto mit den zwischengespeicherten Werten für die Belichtung aufzunehmen.

4 Wollen Sie weitere Aufnahmen mit denselben Belichtungseinstellungen fotografieren (z. B. mehrere Einzelaufnahmen für ein Panorama), so müssen Sie die ⁎-Taste gedrückt halten, während Sie die weiteren Aufnahmen machen.

Bei Spot-, Selektiv- und mittenbetonter Messung erfolgt die AE-Speicherung immer für die Bildmitte. Haben Sie als Messmethode die Mehrfeldmessung eingestellt, so wird die AE-Speicherung auf das AF-Messfeld angewendet, das für die Scharfstellung verwendet wurde.

Die Belichtung mit dem Histogramm überprüfen

In gewissen Grenzen lässt sich die Helligkeit eines Fotos nachträglich am Computer verändern. Trotzdem kommt es schon bei der Aufnahme darauf an, nicht zu viele Helligkeitsinformationen zu verlieren, denn nicht aufgezeichnete Tonwerte können Sie auch mit der Bildbearbeitung, und sei sie noch so ausgeklügelt, nicht wieder zurückholen.

Mit dem sogenannten *Histogramm* bietet Ihnen die EOS M ein wirkungsvolles Hilfsmittel, um die Belichtung nach der Aufnahme zu kontrollieren. Es handelt sich dabei um ein Diagramm, dass die Helligkeitsverteilung im Foto anschaulich anzeigt:

Bei den meisten Aufnahmen können Sie der Belichtungsmessung der EOS M vertrauen. In schwierigen Lichtsituationen und bei kontrastreichen Motiven lohnt es sich aber, das Histogramm zurate zu ziehen, um die Belichtung zu überprüfen.

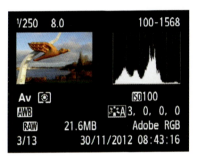

◀ *Mit der* Info. *-Taste blenden Sie das Histogramm während der Bildwiedergabe ein.*

1 Starten Sie mit der Wiedergabe -Taste die Bildwiedergabe, um das zuletzt aufgenommene Bild auf dem Kameramonitor anzuzeigen.

2 Drücken Sie die Info. -Taste so lange, bis das Histogramm angezeigt wird.

3 Durch weiteres Betätigen der Info. -Taste wird das RGB-Histogramm eingeblendet.

Das *Histogramm* ist eine Kurve, in der die Häufigkeiten der Helligkeitsverteilungen (vertikale Achse) im Bild von Schwarz (0, links auf der waagerechten Achse) bis Weiß (255, rechts auf der waagerechten Achse) dargestellt werden. Die Kurvenform spiegelt direkt die Qualität der Belichtung wider und gibt zuverlässig Auskunft darüber, ob und wenn ja, welche Korrektur erforderlich ist.

Zur Veranschaulichung der unterschiedlichen Kurvenformen finden Sie nachfolgend drei exemplarische Histogrammverläufe:

➡ *Bei einer korrekten Belichtung zeigt das Histogramm einen mittig liegenden Kurvenberg, der nicht beschnitten wird.*

➡ *Unterbelichtung erkennen Sie daran, dass die Kurve sehr weit links liegt.*

➡ *Liegt die Kurve weit rechts oder wird sie sogar abgeschnitten, so deutet dies im Regelfall auf eine Überbelichtung hin.*

Die gezeigten Erklärungen zu den Kurvenformen gelten nur für Motive mit normaler Helligkeitsverteilung. Bei sehr hellen Motiven, z. B. einer verschneiten Winterlandschaft, ist eine nach rechts verschobene Kurve dagegen völlig normal.

Zusätzlich zum Helligkeitsdiagramm kann die EOS M auch ein RGB-Diagramm (für die einzelnen Farbkanäle Rot, Grün und Blau) anzeigen, das die Helligkeitsverteilung in den drei Primärfarben darstellt:

Je näher die Kurve am linken Rand liegt, desto dunkler und gedämpfter ist die jeweilige Farbe. Viele Pixel auf der rechten Seite zeigen eine helle, leuchtende Farbe an.

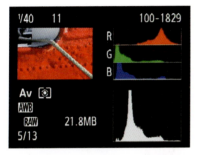

Mit dem RGB-Histogramm erkennen Sie die Sättigung der Farben und bemerken einen eventuellen Farbstich oder die Beschneidung in einem einzelnen Farbkanal.

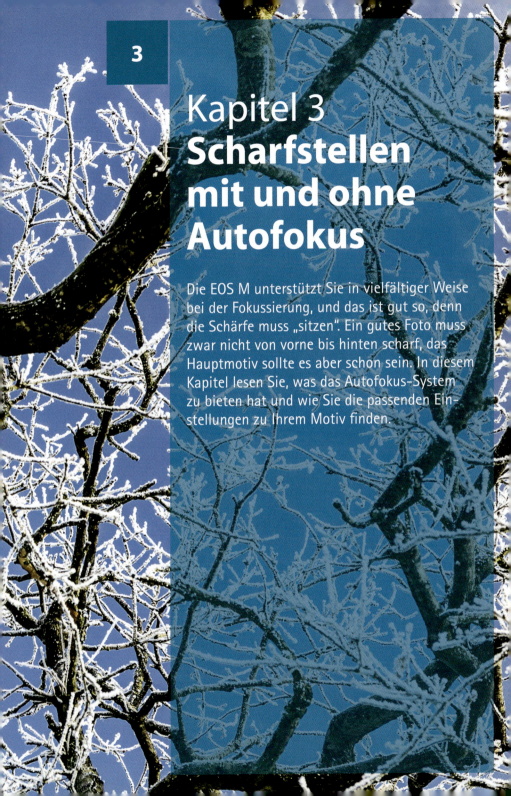

3

Kapitel 3
Scharfstellen mit und ohne Autofokus

Die EOS M unterstützt Sie in vielfältiger Weise bei der Fokussierung, und das ist gut so, denn die Schärfe muss „sitzen". Ein gutes Foto muss zwar nicht von vorne bis hinten scharf, das Hauptmotiv sollte es aber schon sein. In diesem Kapitel lesen Sie, was das Autofokus-System zu bieten hat und wie Sie die passenden Einstellungen zu Ihrem Motiv finden.

So arbeitet der Autofokus

Erste Fotoapparate mit Autofokus gab es schon in den 1970er-Jahren. Die frühen Autofokus-Systeme basierten auf einem ähnlichen Prinzip wie das Sonar bei U-Booten. Dazu sandten die Kameras Infrarot- oder Ultraschallwellen aus und stoppten die Zeit, bis die vom Objekt zurückgeworfenen Wellen wieder an der Kamera eintrafen. Aus der ermittelten Reflexionsdauer konnte dann die Entfernung berechnet und das Objektiv entsprechend eingestellt werden, und so, wie Fledermäuse selbst in der Nacht in der Lage sind, Insekten zu fangen, funktioniert die automatische Scharfstellung mit diesem System sogar in absoluter Dunkelheit. Allerdings kann jeweils nur auf das Objekt fokussiert werden, das der Kamera am nächsten liegt, was die Ultraschallentfernungsmessung sehr unflexibel macht.

Der aktive Infrarot-Autofokus wurde daher bald durch das passive System der Phasenerkennung ersetzt, das bis heute in Spiegelreflexkameras zum Einsatz kommt. Um das Bild korrekt scharf zu stellen, ist die Kamera dazu mit zusätzlichen lichtempfindlichen AF-Sensoren ausgestattet, die am Boden der Kamera sitzen.

Der Schwingspiegel in der Kamera lässt einen kleinen Anteil des einfallenden Lichts zu einem dahinter angeordneten Hilfsspiegel durch, der das Licht nach unten auf die Autofokus-Einheit umleitet. Hier werden die Lichtstrahlen durch ein Linsensystem auf zwei lichtempfindliche Sensoren aufgeteilt und die beiden Teilbilder miteinander verglichen. Die Elektronik berechnet daraus die richtige Entfernungseinstellung und meldet sie blitzschnell an den Motor im Objektiv.

Der Autofokus in digitalen Kompaktkameras arbeitet etwas anders, und zwar mit einer sogenannten Kontrastmessung (die im Übrigen auch zum Einsatz kommt, wenn Sie mit einer DSLR im Live-View-Modus über den Kamerabildschirm fotografieren). Die Funktionsweise beruht darauf, dass ein scharfes Motiv einen deutlich höheren Kontrast aufweist als ein unscharfes Bild. Das Autofokus-System misst daher kontinuierlich den Kontrast auf dem Bildsensor, während verschiedene Entfernungseinstellungen des Objek-

So arbeitet der Autofokus

tivs „durchprobiert" werden, bis der Kontrast maximal ist. Die Kontrastmessung arbeitet aufgrund der Versuch-und-Irrtum-Methode zwar etwas langsamer als die Phasenerkennung, hat aber den Vorteil, dass auf praktisch jede Stelle im Bild fokussiert werden kann, da keine speziellen Autofokus-Sensoren erforderlich sind.

In der EOS M werkelt ein 31-Zonen-Hybrid-AF, der die Technik von Phasenerkennung und Kontrastmessung kombiniert. Dafür ist der CMOS-Bildsensor laut Canon im Zentrum mit zusätzlichen Pixeln für den Phasen-AF ausgestattet, und nachdem der Phasendifferenz-Autofokus für eine erste schnelle (Vor-)Fokussierung gesorgt hat, soll die Kontrastmessung auf dem Bildsensor für die hochpräzise abschließende Scharfstellung sorgen.

> Über die genaue Anzahl der lichtempfindlichen Pixel für die Phasenerkennung schweigt sich Canon leider aus. Fakt ist aber, dass Sie für die automatische Scharfstellung auf bis zu 31 AF-Felder zurückgreifen können.

⬆ Dem endgültigen Foto ist es nicht anzusehen, ob die Scharfstellung manuell oder automatisch erfolgte. Trotzdem ist der Autofokus aus modernen Digitalkameras nicht mehr wegzudenken. Das Fokussieren wird so zum Kinderspiel und klappt, zumindest bei statischen, kontrastreichen Motiven wie diesem, ohne Probleme. 42 mm, f8, 1/200 Sek., ISO 100

So fotografieren Sie mit dem Autofokus

Für das Fotografieren müssen Sie sich nicht weiter mit der Technik hinter dem Autofokus auseinandersetzen, denn in der Praxis funktioniert der Autofokus recht zuverlässig und macht, was er soll: nämlich das Bild scharf stellen. Auf was Sie dabei achten müssen und wie Sie die typischen Probleme der automatischen Scharfstellung umschiffen, lesen Sie auf den folgenden Seiten.

➡ *Im Ausgangszustand misst der Autofokus die Schärfe in der Bildmitte.*

Der Bildbereich, auf den der Autofokus scharf stellt, wird auf dem Kameramonitor durch ein weißes Rechteck angezeigt.

➡ *Durch einfaches Antippen des Bildschirms platzieren Sie den AF-Rahmen an die gewünschte Position.*

Die Auswahl des gewünschten Bildausschnitts, auf den die EOS M fokussieren soll, ist dank des Touchscreens sehr komfortabel und intuitiv: Tippen Sie dazu einfach mit einem Finger auf die gewünschte Bildstelle.

So fotografieren Sie mit dem Autofokus

◁ *Bei erfolgreicher Fokussierung blinkt der AF-Rahmen grün auf.*

Mit ⬇-Wahlrad kehrt das AF-Feld wieder in die Bildmitte zurück.

Drücken Sie jetzt leicht auf den Auslöser, um das Autofokus-System zu aktivieren. Sobald die Fokussierung abgeschlossen ist, ertönt ein Piepston und die Farbe des AF-Rahmens wechselt kurzzeitig von Weiß zu Grün. Kann der Autofokus keine Scharfeinstellung vornehmen, so blinkt der AF-Rahmen rot auf. In diesem Fall müssen Sie es erneut probieren und eventuell eine andere Bildstelle als Referenz für das Scharfstellen wählen.

Sobald der AF-Rahmen grün aufgeleuchtet hat, können Sie den Auslöser komplett durchdrücken, um das Foto aufzunehmen.

Den Touch-Auslöser verwenden

Sie können den Bildschirm der EOS M auch als Touch-Auslöser konfigurieren. In dieser Einstellung wird durch den Fingertipp nicht nur auf die entsprechende Bildstelle scharf gestellt, sondern gleich im Anschluss daran ein Bild aufgenommen, ohne dass Sie extra den Auslöser an der Kameraoberseite betätigen müssen:

1 Drücken Sie gegebenenfalls so oft auf die Info.-Taste, bis das Symbol für den Touch-Auslöser unten links im Bildschirm angezeigt wird.

▶ *Mit der Schaltfläche unten links schalten Sie den Touch-Auslöser ein oder aus.*

Die Touch-Auslösung ist in jedem Aufnahmemodus möglich.

2   Tippen Sie unten links auf das Feld, um den Touch-Auslöser zu aktivieren.

▶ *Sie könne den Touch-Auslöser auch im Kameramenü aktivieren bzw. deaktivieren.*

Mit dem Touch-Auslöser sind nur Einzelaufnahmen möglich. Es wird selbst dann nur ein Foto gemacht, wenn Sie als Betriebsart *Reihenaufnahme* eingestellt haben.

3   Tippen Sie nun an die gewünschte Bildstelle. Sobald der Autofokus die Entfernung korrekt eingestellt hat, wird ein Foto aufgenommen.

4   Sollte die Fokussierung fehlschlagen, so leuchtet der AF-Rahmen wie beim Fotografieren mit dem normalen Auslöser rot auf, und es erfolgt keine Aufnahme. In diesem Fall müssen Sie den Bildschirm erneut berühren, um einen anderen Bereich für die Scharfstellung zu wählen.

Der kontinuierliche Autofokus

In der Grundeinstellung der EOS M ist der sogenannte kontinuierliche Autofokus aktiviert, und die Kamera stellt das Bild schon scharf, bevor Sie auf den Auslöser drücken. Vorteil: Da der Fokus immer möglichst nahe am Motiv sitzt, erfolgt die Scharfstellung im entscheidenden Moment etwas schneller.

Nachteil: Der Stromverbrauch steigt, denn das Autofokus-System arbeitet kontinuierlich, und die Linsengruppen im Objektiv werden ständig hin- und hergefahren, sobald Sie die Kamera auf einen neuen Bildbereich schwenken.

Um bei Bedarf den Stromverbrauch zu senken und die Reichweite des Akkus zu verlängern, können Sie den kontinuierlichen Autofokus im Kameramenü deaktivieren.

Grundsätzlich abschalten sollten Sie den kontinuierlichen Autofokus laut Canon, wenn Sie ein EF oder EF-S-Objektiv am EF-EOS M-Adapter anschließen und den Fokussierschalter auf *MF* schieben, um manuell zu fokussieren.

Die Schärfe nach der Aufnahme kontrollieren

Ursachen für Unschärfe gibt es mehrere – und nicht immer ist der Autofokus schuld:

- *Verwackelungsunschärfe:* Sie entsteht durch die Bewegung der Kamera während der Aufnahme. Die Gefahr ist besonders hoch bei langen Brennweiten und langen Verschlusszeiten.
- *Bewegungsunschärfe:* Bewegt sich das Motiv in der Zeit, in der der Verschluss geöffnet ist, zeichnet der Bildsensor ein verwischtes Bild auf. Die Bewegungsunschärfe ist ein starkes Stilmittel, um bewegte Motive dynamisch abzubilden und Bewegung im Bild sichtbar zu machen. Wird der Effekt allerdings zu stark, so ist das Motiv überhaupt nicht mehr zu erkennen und die Aufnahme ruiniert.

Scharfstellen mit und ohne Autofokus

▶ *Unschärfe ist nicht gleich Unschärfe. In diesem Foto hat der Autofokus korrekt auf die unten liegenden Münzen scharf gestellt. Gegen die Bewegungsunschärfe bei den fallenden Münzen ist er machtlos – hier würde nur eine kürzere Belichtungszeit weiterhelfen. 35 mm, f/8, 1/45 Sek., ISO 400*

- *Fehlfokussierung*: Wenn Sie mit dem Autofokus fotografieren und die Schärfe dennoch an der falschen Stelle sitzt, liegt das in den meisten Fällen an einem falsch gewählten AF-Messfeld. Der Autofokus stellt dann nicht auf das eigentliche Motive scharf, sondern ein Detail im Vorder- oder Hintergrund. Das kann ein Laternenpfahl oder Zaun ebenso sein wie ein Passant, der ins Bild läuft.

Die Software Canon Digital Photo Professional finden Sie auf der CD aus dem Lieferumfang der EOS M. Mehr dazu erfahren Sie ab *Seite 284*.

Die AF-Methode

⬆ Um aus Fehlern zu lernen, lohnt es sich, bei unscharfen Fotos das für die Aufnahme genutzte Messfeld zu überprüfen. Das geht z. B. mit dem Programm Canon Digital Photo Professional von der mitgelieferten CD. So kommen Sie einer Fehlfokussierung aufgrund eines falsch gewählten Messfelds schnell auf die Spur.

Im Wiedergabe-Modus können Sie sofort nach der Aufnahme prüfen, ob das Foto auch wirklich scharf ist. Aber aufgepasst: Trotz seiner Abmessungen von 7 cm x 5 cm ist der Kameramonitor der EOS M zu klein, um die Schärfe der Fotos zuverlässig zu beurteilen, denn in der normalen Ansicht wirken praktisch alle Fotos scharf. Zoomen Sie daher immer in die Fotos hinein, um die Schärfe besser beurteilen zu können. Zur Erinnerung: Das geht bei der EOS M ganz einfach, indem Sie bei der Bildwiedergabe zwei Finger nebeneinander auf den Touchscreen legen und dann auseinanderziehen.

Die AF-Methode

Trotz aller Kameraelektronik kann die EOS M nicht wissen, welches Bilddetail Ihnen bei der Aufnahme wichtig ist und welcher Teil des Motivs scharf gestellt werden soll. Wie Sie schon zu Beginn des Kapitels gesehen haben, blendet die EOS M daher vorab einen AF-Rahmen ein, mit dem Sie den Bereich für die automatische Fokussierung bestimmen können.

Scharfstellen mit und ohne Autofokus

> Die drei AF-Methoden stehen Ihnen in allen Belichtungsprogrammen inklusive der *Automatischen Motiverkennung* zur Verfügung.

Die EOS M stellt Ihnen dabei drei unterschiedliche AF-Rahmen zur Verfügung: *Gesichtserkennung+Verfolgung*, *FlexiZone-Multi* und *FlexiZone-Single*. Welche AF-Methode Sie einstellen sollten, hängt dabei vom Motiv ab, das Sie fotografieren möchten.

Um die AF-Methode zu ändern, bietet Ihnen die EOS M verschiedene Möglichkeiten an.

➲ *Im Kameramenü finden Sie die Einstellung der AF-Methode auf der zweiten Registerkarte des Aufnahme-Menüs.*

➲ *Außerdem können Sie die AF-Methode auf dem Q/Set-Schnelleinstellungsbildschirm wählen.*

➲ *Und auch der Info.-Schnelleinstellungsbildschirm ermöglicht den Zugriff auf die AF-Methode.*

DIE AF-METHODE

Gesichtserkennung+Verfolgung

◀ *Bei der AF-Methode Gesichtserkennung+Verfolgung liegt die Priorität beim Fokussieren von Gesichtern. Wenn sich das Motiv bewegt, wird das Gesicht vom AF-Rahmen „verfolgt".*

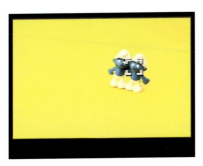

Wenn Sie *Gesichtserkennung+Verfolgung* als AF-Methode wählen, analysiert die Kameraelektronik das Motiv und versucht, Gesichter zu identifizieren:

1 Wird ein Gesicht erkannt, so ist ein weißes Quadrat um das Gesicht zu sehen. Bewegt sich die Person oder verschwenken Sie die Kamera, so wandert der AF-Rahmen mit.

2 Falls ein Gesicht nicht automatisch erkannt wird (oder Sie auf ein anderes Motivteil fokussieren möchten), können Sie alternativ auch direkt auf die gewünschte Stelle tippen, um den AF-Rahmen dort zu platzieren.

3 Drücken Sie anschließend den Auslöser wie gewohnt bis zum ersten Druckpunkt, um den AF zu aktivieren. Sobald die Fokussierung erfolgt ist, wird der Rahmen grün, und es erklingt der Signalton. Das gilt aber nur, wenn Sie mit dem Einzelautofokus (One-Shot) fotografieren.

> Mehr zu den AF-Betriebsarten *One-Shot* und *Servo AF* lesen Sie im Abschnitt *Die AF-Betriebsarten* ab *Seite 97*.

Beim nachführenden Servo AF bleibt der AF-Rahmen weiß und die Kamera stumm, selbst wenn die Fokussierung erfolgreich war.

4 Drücken Sie abschließend den Auslöser komplett durch, um das Foto aufzunehmen.

Die AF-Methode *Gesichtserkennung+Verfolgung* eignet sich nicht nur für das Fotografieren von Porträts, sondern auch für sich bewegende Motive. Wunder sollten Sie von dieser Funktion aber nicht erwarten, und die Bewegungen dürfen nicht zu schnell sein. Die Nachführung des Messfelds arbeitet sehr gemächlich und ist nicht mit einer Spiegelreflexkamera zu vergleichen.

FlexiZone-Multi

Für die AF-Methode *FlexiZone-Multi* wird das Bild in insgesamt 31 AF-Messfelder unterteilt, und die EOS M wählt daraus selbstständig das bzw. die aktiven AF-Rahmen aus. Der zugrunde liegende Algorithmus dahinter bevorzugt die Scharfstellung auf die Bildmitte. Alternativ können Sie auch manuell aus insgesamt neun Fokussierungszonen wählen:

➡ *In der Einstellung FlexiZone-Multi wählt die EOS die relevanten Messfelder automatisch aus.*

➡ *Bei der AF-Methode FlexiZone-Multi entscheidet die EOS M selbst, in welchen Messfeldern fokussiert wird. Die entsprechenden Bereiche werden als grüne Rahmen gekennzeichnet, sobald die Scharfstellung erfolgt ist.*

Die AF-Methode

1 Drücken Sie den Auslöser halb durch, um das Autofokus-System zu aktivieren. Der Kameracomputer analysiert das Motiv und entscheidet selbstständig, welche Bildbereiche für die Scharfstellung zurate gezogen werden. Die aktiven AF-Bereiche werden auf dem Kameramonitor grün markiert.

2 Wollen Sie manuell aus einer der neun zur Verfügung stehenden Zonen wählen, so tippen Sie einfach mit einem Finger an die gewünschte Stelle des Touchscreens.

3 Drücken Sie bei Bedarf ⬇-Wahlrad, um zur automatischen Messfeldwahl zurückzukehren.

4 Drücken Sie den Auslöser vollständig durch, um das Foto aufzunehmen.

Wenn Sie das Objekt im Vordergrund scharf abbilden wollen, ist die automatische Messfeldsteuerung gut geeignet. 55 mm, f/8, 1/320 Sek., ISO 100

Die Fokussierung mit der automatischen Messfeldwahl funktioniert immer dann recht gut, wenn das Motiv, auf das scharf gestellt werden soll, mittig angeordnet ist oder sich am nächsten zur Kamera befindet. Schwierig ist es dagegen, auf ein ganz bestimmtes Objekt, das eventuell auch noch teilweise verdeckt ist, scharf zu stellen. In diesen Fällen ist die im Folgenden gezeigte AF-Methode *FlexiZone-Single* besser geeignet.

FlexiZone-Single

In der Einstellung *FlexiZone-Single* wird nur ein verhältnismäßig kleiner AF-Rahmen verwendet, und Sie können ganz gezielt selbst entscheiden, auf welches Motivteil der Autofokus scharf stellen soll:

1 Tippen Sie auf dem Bildschirm an die gewünschte Stelle, um das AF-Messfeld dorthin zu bewegen.

2 Drücken Sie den Auslöser halb durch, um den Autofokus in Betrieb zu nehmen.

3 Drücken Sie den Auslöser nach erfolgter Scharfstellung komplett durch, um das Foto aufzunehmen.

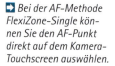
Bei der AF-Methode FlexiZone-Single können Sie den AF-Punkt direkt auf dem Kamera-Touchscreen auswählen.

Die Einstellung *FlexiZone-Single* ist die von mir am häufigsten verwendete AF-Methode, denn so hat man die beste Kontrolle darüber, wo die Schärfe im Bild liegt, und dank der Touch-Bedienung auf dem Kameramonitor ist die Platzierung des AF-Rahmens an die gewünschte Stelle sehr schnell und unkompliziert erledigt.

Falls Sie mit dem Ergebnis der automatischen Scharfstellung nicht zufrieden sind, können Sie den Fokus im Anschluss auch manuell anpassen. Weitere Informationen dazu finden Sie am Ende des Kapitels im Absatz *Manuell fokussieren*.

Die AF-Betriebsarten

Zusätzlich zur Wahl der AF-Methode können Sie in den Kreativprogrammen *P*, *Av*, *Tv* und *M* auch die Funktionsweise des AF-Betriebs, die sogenannte AF-Betriebsart, passend zu Ihrem Motiv wählen. In der *Automatischen Motiverkennung* und bei den Kreativbereich-Modi (*Porträt, Landschaft, Nahaufnahme* usw.) dagegen wird der AF-Betrieb automatisch eingestellt und kann nicht geändert werden.

Die AF-Betriebsart können Sie analog zur Wahl der AF-Methode entweder im Kameramenü, auf dem *Q/Set*-Schnelleinstellungsbildschirm oder dem *Info.*-Schnelleinstellungsbildschirm vornehmen.

One-Shot AF

In der Einstellung *One-Shot* (Einzelautofokus) stellt die EOS M scharf, sobald Sie den Auslöser leicht antippen, und behält diese Entfernungseinstellung so lange bei, wie Sie den Auslöser gedrückt halten.

Der für die Fokussierung relevante Messbereich wird in einem Kasten eingeblendet. Bei erfolgreicher Scharfstellung leuchtet der Rahmen grün auf, und es erklingt ein Piep-Ton.

Der Einzelbildautofokus verhindert unscharfe Aufnahmen, und Sie können nur auslösen, wenn die Fokussierung erfolgreich war. Schlägt die automatische Scharfstellung fehl, so leuchtet der AF-Rahmen rot auf, der Auslöser ist gesperrt, und es wird kein Foto aufgenommen, selbst wenn Sie den Auslöser vollständig durchdrücken.

Für den Fall, dass die automatische Fokussierung nicht möglich ist, können Sie den AF-Rahmen an eine andere Position bewegen oder mit der Schärfespeicherung arbeiten: Suchen Sie sich dazu ein anderes Objekt im gleichen Abstand zur Kamera, drücken Sie den Auslöser halb durch, bis

Wenn Sie diskret fotografieren und nicht durch das ständige Gepiepe auffallen wollen, können Sie das akustische Signal auf der dritten Registerkarte des gelben *Einstellungen*-Menüs abschalten.

der grüne Rahmen die erfolgreiche Fokussierung signalisiert, und halten Sie den Auslöser gedrückt, um die Schärfe zu speichern (das funktioniert natürlich nur beim One-Shot AF, denn bei der Einstellung Servo AF würde ja kontinuierlich nachfokussiert). Jetzt können Sie die Kamera auf den gewünschten Ausschnitt zurückschwenken und den Auslöser komplett herunterdrücken, um das Foto aufzunehmen.

Wenn auch das nicht zum Erfolg führt, bleibt Ihnen nichts anderes übrig, als von Hand am Entfernungsring des Objektivs scharf zu stellen (siehe Abschnitt *Manuell fokussieren* auf der nächsten Seite).

⬆ Die One-Shot-Einstellung ist die erste Wahl für den Fotoalltag und liefert gute Ergebnisse bei statischen oder sich langsam bewegenden Motiven. 47 mm, f/8, 1/400 Sek., ISO 100

Servo AF

Beim Servo AF arbeitet der Autofokus unablässig und passt die Schärfe fortwährend an, solange Sie den Auslöser gedrückt halten. Sie können die Arbeitsweise des Autofokus in dieser Einstellung leicht ausprobieren. Visieren Sie dazu das Motiv an und verschwenken Sie anschließend bei halb heruntergedrücktem Auslöser die Kamera. Sobald sich die

Position des ursprünglich fokussierten Objekts verändert, tritt der Autofokus in Aktion und bessert die Entfernungseinstellung nach.

Die Servo AF-Funktion arbeitet nicht ganz so präzise wie One-Shot, und es besteht Auslösepriorität. Die Anzeige des Schärfeindikators im Sucher sowie das Tonsignal bei erfolgter Scharfstellung sind in diesem AF-Modus deaktiviert, und der Auslöser wird nicht gesperrt. Sie können also auch auslösen, wenn das Motiv noch nicht scharf gestellt wurde.

Grundsätzlich ist die Servo AF-Einstellung gut dazu geeignet, um Motive mit viel Bewegung wie einen Hund im Sprung, die herumtollenden Kinder oder ein Fußballspiel im Bild festzuhalten.

Leider – und das muss an dieser Stelle einmal ganz deutlich gesagt werden – ist die Autofokus-Geschwindigkeit, ganz entgegen dem Canon-Marketing, das „eine extrem schnelle, präzise automatische Scharfstellung bei Bildern und Videos" verspricht, in der Praxis oft zu gemächlich. Bei Landschaften, Stillleben und Porträts arbeitet der Autofokus sehr zuverlässig, aber für alles, was schneller als ein Schildkröten-Rennen ist, ist der Autofokus der EOS M einfach zu langsam. Da hilft dann auch der Servo AF nicht weiter, zumal die Serienbildrate in die Knie geht und von gut 4 Bildern/Sekunde auf knapp 2 Bildern/Sekunde bei Verwendung des EF-M 18-55mm sinkt. Bis Canon den Autofokus hoffentlich mit einem baldigen Firmware-Update beschleunigt, bleibt als einzige Alternative für gelungene Actionfotos das manuelle Vorfokussieren auf eine Stelle, an der Sie das Objekt erwarten – so haben es auch gute Sportfotografen praktiziert, bevor der Autofokus Einzug in die Kameras gehalten hat.

Manuell fokussieren

Es gibt eine ganze Reihe von Motiven, bei denen der Autofokus an seine Grenzen kommt. Dazu zählen z. B. Motive mit geringem Kontrast wie ein durchgehend blauer Himmel oder einfarbige Oberflächen, Aufnahmen in der Dämmerung oder Szenen mit mehreren Objekten, die sich in unterschiedlichen Abständen zur Kamera befinden. Klassisches Beispiel für diesen Fall sind Tiere hinter Käfiggittern bei einem Zoobesuch. Hier kann der Autofokus nicht „wissen", ob der Vorder- oder Hintergrund scharf gestellt werden soll.

Immer dann, wenn der Autofokus das Motiv partout nicht scharf stellen kann, bleibt als letzte Möglichkeit die manuelle Fokussierung.

Fotografieren Sie mit der *Automatischen Motiverkennung*, so ist immer der Autofokus aktiv. Manuelles Scharfstellen ist in diesem Aufnahmemodus nicht möglich.

➡ *Im Kameramenü können Sie von der automatischen auf die manuelle Fokussierung umschalten.*

1 Dazu müssen Sie zunächst den Fokussiermodus im Kameramenü ändern. Die Option dazu finden Sie auf der zweiten Registerkarte des roten *Aufnahme*-Menüs.

➡ *Der Bildschirm für die Auswahl des Fokussierungsmodus lässt sich in den Kreativprogrammen sowie in den Motivbereich-Modi aufrufen.*

2 Wählen Sie die Einstellung *MF (Manuell)*.

Zusätzlich wird die Option *AF+MF* angeboten, mit der Sie direkt im Anschluss an den AF die Fokussierung manuell am Entfernungsring des Objektivs vornehmen können. Diese Einstellung ist nur in Verbindung mit der AF-Betriebsart *One-Shot AF* wirksam. Haben Sie dagegen *Servo AF* eingestellt, so hat die automatische Schärfenachführung immer Vorrang, und es ist keine nachträgliche manuelle Schärfekorrektur möglich.

Die beschriebene Umschaltung zur manuellen Fokussierung im Kameramenü gilt für die EF-M-Objektive. Für die manuelle Scharfstellung mit dem EF-EOS M-Adapter und einem EF- oder EF-S-Objektiv müssen Sie den Fokussierschalter am Objektiv von *AF* auf *MF* umstellen.

◄ *Die Lupe unterstützt Sie beim manuellen Scharfstellen.*

3 Drücken Sie nun gegebenenfalls so oft die *Info.*-Taste, bis unten rechts auf dem Bildschirm das *Lupensymbol* eingeblendet wird.

◄ *Platzieren Sie den Vergrößerungsrahmen an eine Stelle, an der Sie die Schärfe gut erkennen können.*

4 Tippen Sie auf das *Lupensymbol*, um den Vergrößerungsrahmen anzuzeigen, und ziehen Sie ihn an eine möglichst detailreiche Stelle, an der Sie gut die Schärfe kontrollieren können.

➡ *In der Vergrößerung lässt sich die Schärfe gut kontrollieren, und Sie können exakt von Hand fokussieren.*

5 Eine 5- bzw. 10-fache Vergrößerung des Bildausschnitts erreichen Sie durch wiederholtes Antippen des Lupensymbols.

6 Drehen Sie am Entfernungsring des Objektivs, um die Schärfe einzustellen.

7 Betätigen Sie den Auslöser, um das Foto aufzunehmen.

⬆ *Bei Makroaufnahmen ist die Schärfentiefe sehr gering. Durch das manuelle Fokussieren können Sie die Schärfeebene sehr exakt im Bild platzieren. 50 mm (EF 50mm f2 Compact Macro am EF-EOS M-Adapter), f/8, 1/125 Sek., ISO 400*

Das AF-Hilfslicht

Je dunkler es wird, desto schwerer tut sich der Autofokus. Standardmäßig wird daher bei schwachem Umgebungslicht das *Selbstauslöser/AF-Hilfslicht* auf der Kameravorderseite eingeschaltet, um das Motiv aufzuhellen, um die automatische Scharfeinstellung zu erleichtern.

Gerade bei Porträtfotos stört das rote Licht die abgebildeten Personen aber mehr, als dass es nützt. Sollte das der Fall sein, lässt sich das AF-Hilfslicht in den Individualfunktionen schnell abschalten:

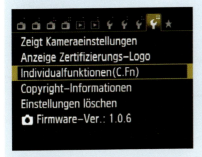

In den Individualfunktionen lässt sich das AF-Hilfslicht abschalten.

1 Rufen Sie dazu das Kameramenü auf und navigieren Sie zum vierten Reiter des gelben *Einstellungen*-Menüs.

2 Wählen Sie dort den Eintrag *Individualfunktionen (C.Fn)*.

Mit einem Druck auf die Q/SET -Taste wird die Änderung übernommen.

3 Scrollen Sie zu Position 4: *C.Fn III: Autofokus AF-Hilfslicht (LED) Aussend.*

4 Auf dem folgenden Bildschirm können Sie je nach Bedarf die Verwendung des LED-Hilfslichts (de-)aktivieren.

Kapitel 4
Die Grundeinstellungen

Die EOS M birgt eine Vielzahl von Optionen und Einstellungsmöglichkeiten in sich. Aber keine Angst: Sie müssen nicht auf Anhieb das komplette Kameramenü im Kopf haben. In diesem Kapitel erfahren Sie, welche Einstellungen Sie für gute Fotos wirklich brauchen. So können Sie sich später bei der Aufnahme ganz auf die kreative Bildgestaltung konzentrieren.

DIE GRUNDEINSTELLUNGEN

 Das Kameramenü

Die vielfältigen Einstellungen der EOS M nehmen Sie im Kameramenü vor:

1 Das Kameramenü blenden Sie bei eingeschalteter Kamera durch Drücken der Taste MENU auf der Kamerarückseite links oberhalb vom Wahlrad ein.

⬆ *Das Kameramenü setzt sich aus mehreren Registerkarten zusammen.*

1 *Aufnahme-Registerkarten*   **4** *Wiedergabe-Registerkarten*
2 *Einstellungen-Registerkarten*   **5** *Menüoptionen*
3 *My Menu*   **6** *Menü-Einstellungen*

Das Kameramenü ist farblich in vier Themenbereiche unterteilt, die sich jeweils aus mehreren Registerkarten zusammensetzen:

- Im *Aufnahme-Menü* (rot) finden Sie diverse Optionen wie Bildqualität, AF-Einstellungen und Lichtempfindlichkeit, die direkt die Aufnahme betreffen.

- Mit dem *Wiedergabe-Menü* (blau) können Sie die Bildwiedergabe der EOS M anpassen, einzelne Fotos löschen oder z. B. einen Kreativfilter anwenden.

Eine ausführliche Beschreibung des Wiedergabe-Menüs finden Sie in *Kapitel 8* ab *Seite 221*.

- Im *Einstellungen-Menü* (gelb) nehmen Sie diverse Grundeinstellungen der Kamera vor, z. B. Einstellen von Uhrzeit und Datum, die Art der Dateinummerierung, An- bzw. Abschalten der akustischen Signale.

- Das *My Menu* (grün) schließlich lässt sich individuell zusammenstellen. So können Sie besonders schnell auf die am häufigsten von Ihnen genutzten Funktionen zugreifen.

Die Navigation im Kameramenü auf dem Touchscreen der EOS M ist denkbar einfach, denn Sie können einfach die gewünschte Registerkarte und dort den jeweiligen Menüeintrag antippen, um die Änderung vorzunehmen. Wenn Sie lieber die Tasten auf der Kamerarückseite benutzen möchten, geht das natürlich auch:

Eine Beschreibung, wie Sie sich mit der Funktion *My Menu* ein eigenes Menü zusammenstellen, lesen Sie in *Kapitel 5* ab *Seite 168*.

◨ *Mit ←/→ -Wahlrad wechseln Sie zur nächsten Registerkarte des Kameramenüs.*

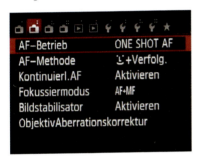

1 Drücken Sie ←/→ -Wahlrad oder drehen Sie das Wahlrad, um von einer Registerkarte zur nächsten zu springen.

◨ *Die aktuell gewählte Menüoption wird farblich unterlegt.*

2 Wählen Sie den gewünschten Menüeintrag mit ⬆/⬇-WAHLRAD aus.

▶ *Durch Drücken der* Q/SET *-Taste öffnen Sie ein Untermenü mit den zur Verfügung stehenden Optionen.*

3 Drücken Sie die Q/SET -Taste, um den Bildschirm mit den dazugehörigen Optionen einzublenden.

Je nach eingestelltem Aufnahmemodus sieht das Kameramenü der EOS M etwas anders aus. Die Bildschirmabbildungen in diesem Kapitel zeigen immer das Kameramenü in einem der Kreativ-Programme (*P, Av, Tv, M*). Bei der *Automatischen Motiverkennung* oder in einem der Motivbereich-Modi stehen dagegen weniger Einstellungsmöglichkeiten zur Auswahl.

4 Wählen Sie die gewünschte Einstellung mit ⬆/⬇-WAHLRAD aus und übernehmen Sie die Änderung durch Drücken der Q/SET -Taste.

5 Schließen Sie das Kameramenü mit der MENU -Taste oder einem Druck auf den Auslöser.

Die beiden Schnelleinstellungsbildschirme

Neben dem Kameramenü bietet die EOS gleich zwei sogenannte Schnelleinstellungsbildschirme, auf denen Sie zahlreiche Aufnahmeparameter wie AF-Betriebsart, Dateiformat oder eine Belichtungskorrektur direkt auswählen und ändern können.

Die beiden Schnelleinstellungsbildschirme

◀ *Diesen Einstellungsbildschirm erreichen Sie mit der* Q/SET *-Taste.*

1 AF-Methode
2 Weißabgleich
3 AF-Betriebsart
4 Bildaufnahmequalität/Dateiformat
5 Bildstil
6 Kreativfilter
7 Automatische Belichtungsoptimierung
8 Messmethode für die Belichtungsmessung

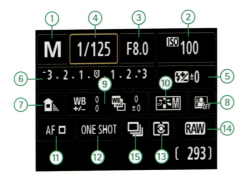

◀ *Um den Info.-Schnelleinstellungsbildschirm aufzurufen, müssen Sie die* Info. *-Taste unter Umständen mehrmals drücken.*

1 Aufnahmemodus
2 ISO-Empfindlichkeit
3 Blende
4 Belichtungszeit
5 Blitzbelichtungskorrektur
6 Belichtungskorrektur/ Automatische Belichtungsreihenfunktion
7 Weißabgleich
8 Automatische Belichtungsoptimierung
9 Weißabgleichskorrektur
10 Bildstil
11 AF-Methode
12 AF-Betrieb
13 Belichtungsmessmethode
14 Bildaufnahmequalität/ Dateiformat
15 Betriebsart

109

Wie gewohnt können Sie den Touchscreen nutzen und eine der Flächen antippen und auf dem folgenden Bildschirm (bzw. am unteren Bildschirmrand auf dem Q/SET-Schnelleinstellungsbildschirm) die gewünschte Einstellung auswählen. Natürlich können Sie dazu auch das WAHLRAD und die Q/SET -Taste nutzen.

Wie auch das Kameramenü unterscheiden sich die Schnelleinstellungsbildschirme, je nachdem, ob Sie mit der *Automatischen Motiverkennung*, in einem der Motivbereich-Modi oder einem der Kreativ-Programme fotografieren.

Onlinehilfe

◁ *Nach dem Auswählen blendet die EOS M einen kurzen Hilfetext zur gewählten Funktion ein.*

Um den Überblick über die Vielzahl der Funktionen, die in ihr schlummern, zu erleichtern, bietet die EOS M eine Hilfefunktion und blendet nähere Erläuterungen und weitere Informationen zur aktuell ausgewählten Option ein. Die kurzen Hilfetexte werden automatisch angezeigt, sobald Sie in einem der beiden Schnelleinstellungsbildschirme ein neues Symbol markieren.

◁ *Wenn Sie besser mit der EOS M vertraut sind und das Kameramenü in- und auswendig kennen, lässt sich die Hilfefunktion im Einstellungen-Menü deaktivieren.*

Die wichtigsten Einstellungen auf einen Blick

Die EOS M bietet Ihnen eine nahezu unerschöpfliche Anzahl an individuellen Einstellungsmöglichkeiten. Manche davon erhöhen „nur" den Bedienkomfort der Kamera, es gibt aber auch eine Reihe von Voreinstellungen, die einen direkten Einfluss auf die Qualität Ihrer Fotos haben, und es ist durchaus sinnvoll, diese anzupassen. Auf den folgenden Seiten habe ich daher die wichtigsten Funktionen gesammelt, die Sie unbedingt beachten sollten. Nehmen Sie sich ruhig etwas Zeit, um damit vertraut zu werden, denn je weniger Sie sich später um die technischen Einzelheiten kümmern müssen, desto besser können Sie sich auf die Bildgestaltung beim Fotografieren konzentrieren.

Bildqualität und Dateiformat

Eines der wichtigsten Kriterien für technisch einwandfreie Fotos ist die Auswahl von Bildgröße, Qualitätsstufe und Dateiformat.

Die EOS M lässt Ihnen die Wahl zwischen den beiden Dateiformaten RAW und JPEG. Bei Bedarf können Sie die aufgenommenen Fotos auch in beiden Formaten gleichzeitig abspeichern.

Welches ist aber nun das richtige Format? Das RAW-Format bietet ohne Zweifel die größeren Qualitätsreserven, denn dann speichert die Kamera genau das, was der Sensor im Moment der Aufnahme „sieht", und zwar verlustfrei.

RAW-Dateien erfordern allerdings auch mehr Arbeit und müssen nach der Aufnahme mithilfe eines sogenannten RAW-Konverters „entwickelt" werden, z. B. mit der im Lieferumfang der EOS M enthaltenen Software Digital Photo Professional. Auch Bildbearbeitungsprogramme wie Lightroom, Aperture, Photoshop oder Photoshop Elements können RAW-Fotos verarbeiten.

JPEG-Fotos können Sie zwar sofort von der Speicherkarte weg verwenden und müssen sie vor dem Hochladen auf Facebook & Co. nicht erst am Computer öffnen und umwandeln. Dafür sind die Nachbearbeitungsmöglichkeiten im Ver-

In den beiden Kreativbereich-Modi Nachtaufnahme ohne Stativ und HDR-Gegenlicht ist die Speicherung im RAW-Format nicht möglich.

gleich zum RAW-Format aber eingeschränkt und stets mit Qualitätseinbußen verbunden.

Die Nachteile, die oft gegen das RAW-Format ins Feld geführt werden, sind aus meiner Sicht keine. Der zusätzliche Spielraum, den Sie für die Nachbearbeitung am Computer gewinnen, macht den Mehraufwand mehr als wett. Aber entscheiden Sie selbst:

- Der größere Speicherplatzbedarf von RAW im Vergleich zu JPEG spielt dank fallender Preise für Speicherkarten kaum eine Rolle.
- Bildbearbeitungsprogramme wie Adobe Lightroom, aber auch der Canon RAW-Konverter Digital Photo Professional und selbst das „kleine" Photoshop Elements bieten eine Funktion zur Stapelverarbeitung, sodass selbst größere Mengen von RAW-Fotos zuverlässig und in überschaubarer Zeit umgewandelt sind. Bei besonders lohnenden Motiven oder Problemfällen können Sie bei Bedarf trotzdem jedes Bild einzeln von Hand auf höchste Qualität trimmen.

Die parallele Speicherung von RAW und JPEG sieht auf den ersten Blick wie der Königsweg aus, um die Vorteile beider Dateiformate auszuschöpfen.

Persönlich stelle ich die kombinierte Speicherung von RAW und JPEG aber praktisch nie ein, und das nicht nur, weil natürlich der Speicherbedarf steigt, sondern weil die Dateiendoppelung (jedes Foto liegt ja einmal als RAW-Datei und einmal als JPEG-Datei vor) schnell sehr unübersichtlich wird. Da ich mir ohnehin jedes Foto am großen Bildschirm am Computer anschaue und optimiere, bevor ich es weitergebe, hält sich der zusätzliche Aufwand für die Nachbearbeitung am Computer im Rahmen. Wollen Sie dagegen sofort auf fertige Fotos zurückgreifen und das RAW-Format nur für den Ernstfall in der Hinterhand behalten, um bei schwierigen Motiven ausreichend Spielraum für die Nachbearbeitung zu haben, dann ergibt die Parallelspeicherung von RAW und JPEG durchaus Sinn.

Die EOS M bietet Ihnen unterschiedliche Wege, um die Bildqualität bzw. das Dateiformat einzustellen. Sie können die Einstellung entweder im Kameramenü vornehmen oder auf einem der beiden Schnelleinstellungsbildschirme:

Die wichtigsten Einstellungen auf einen Blick

▶ *Auf dem Info.-Schnelleinstellungsbildschirm lässt sich die Bildqualität schnell ändern.*

1 Drücken Sie die `Info.`-Taste so oft, bis der Schnelleinstellungsbildschirm auf dem Kameramonitor angezeigt wird.

▶ *Für Aufnahmen im JPEG-Format stehen unterschiedliche Bildgrößen in jeweils zwei Qualitätsstufen zur Auswahl.*

Die Menüoption *Bildqualität* finden Sie auch auf der ersten Registerkarte des *Aufnahme*-Menüs.

2 Tippen Sie auf das Feld *Bildgröße und Bildqualität auswählen*, das Sie ganz unten rechts finden. Wählen Sie im folgenden Bildschirm dann die gewünschte Bildqualität aus:

Wählen Sie eines der Felder *L*, *M*, oder *S1* bis *S3*, um die Fotos als JPEG-Dateien zu speichern.

Mit der Option *RAW+L* werden die Fotos gleichzeitig sowohl als RAW-Datei wie auch als JPEG-Foto in hoher Auflösung gespeichert. Beide Bilddateien finden sich im selben Ordner und tragen die gleiche Dateinummer. Den Unterschied erkennen Sie nur an der Dateiendung: Das JPEG-File trägt die Endung *.JPG*, die Endung *.CR2* kennzeichnet die RAW-Datei.

Wählen Sie *RAW*, um die aufgenommenen Fotos im RAW-Format auf die Speicherkarte zu schreiben.

RAW-Fotos werden immer in der vollen Auflösung aufgezeichnet.

Wenn Sie im JPEG-Format fotografieren möchten, können Sie zwischen den Bildgrößen L (18 Megapixel), M (8 Megapixel) sowie S1 (4,5 Megapixel), S2 (2,5 Megapixel) und S3 (0,3 Megapixel) wählen.

Die Bildgröße gibt die absolute Zahl der Pixel in der Höhe und Breite des Fotos an. Je mehr Pixel das Foto aufweist, desto größer lässt es sich drucken.

1 *Anzahl der Megapixel*

2 *Pixelabmessung des Fotos*

3 *ungefähre Anzahl an Fotos, die bei der gewählten Einstellung auf der Speicherkarte Platz finden*

4 *Verwendungszweck der Fotos*

⬆ *Die EOS M unterstützt Sie bei der Auswahl der geeigneten Aufnahmequalität und zeigt Ihnen, sobald Sie eine Bildgröße gewählt haben, die Pixelanzahl sowie die maximal mögliche Größe der Abzüge und die Anzahl der möglichen Aufnahmen auf der aktuellen Speicherkarte an.*

Die Bildgrößen L, M und S1 lassen sich jeweils in hoher oder normaler Qualität abspeichern.

Bei den Bildgrößen L, M und S1 müssen Sie sich zusätzlich für eine der beiden Qualitätsstufen entscheiden, die durch das Symbol eines Viertelkreises (*Fein*) bzw. einer Treppenstufe (*Normal*) angezeigt werden.

Das JPEG-Format erreicht seine geringere Dateigröße durch eine gezielte Verringerung der Detailgenauigkeit im Foto. Neben der absoluten Zahl der Pixel bestimmt auch die Stärke der JPEG-Komprimierung die Größe der Bilddatei. Je höher die Komprimierung, desto geringer die Detailzeichnung. Die Bildqualität *Normal* liefert also etwas kleinere Dateien als die Stufe *Fein*, es kommt allerdings zu einem leichten Qualitätsverlust, der z. B. in Form eines Treppeneffekts an Kanten in Erscheinung tritt. Aber keine Angst: Auch in der Qualität *Normal* hält sich die Beeinträchtigung in Grenzen, und man muss schon sehr genau hinschauen, um den Unterschied zu erkennen.

Die wichtigsten Einstellungen auf einen Blick

Die Bildgröße *S2* ist insbesondere für die Wiedergabe der Fotos auf digitalen Bilderrahmen gedacht, die Einstellung *S3* eignet sich besonders für den Versand der Fotos per E-Mail. Bei beiden Bildgrößen können Sie die Bildqualität nicht frei wählen.

Welche Bildqualität und welches Dateiformat für Ihre Fotos am besten geeignet ist, hängt in erster Linie von Ihren Ansprüchen ab: Wollen Sie die Fotos direkt aus der Kamera nutzen, ohne lange am Computer hantieren zu müssen, dann ist das JPEG-Format die bessere Wahl. Nutzen Sie nach Möglichkeit eine große Bildgröße und hohe Qualität, denn verkleinern lassen sich die Fotos später ohne großen Aufwand. Nehmen Sie die Fotos aber in geringer Auflösung auf, so lassen sie sich nicht beliebig vergrößern, und Sie erhalten einen verpixelten, unscharfen Ausdruck.

◄ 49 mm, f/5.6, 1/200 Sek., ISO 100

◄ Der Ausschnitt aus dem Ausgangsfoto in der Bildgröße L und der Qualitätsstufe Fein

115

Die Grundeinstellungen

▶ *Eine kleine Bildgröße lässt sich im Nachhinein nicht beliebig vergrößern. Derselbe Ausschnitt aus dem Foto, dieses Mal in der Bildgröße S1 aufgenommen, zeigt einen deutlichen Schärfeverlust, und die Kanten wirken pixelig.*

Sollte während einer Fotosession der Speicherplatz knapp werden, so wechseln Sie lieber von der Qualitätsstufe *Fine* zu *Normal*, als die Bildgröße zu verringern.

Es gibt aus meiner Sicht nur wenige Situationen, in denen es sinnvoll sein kann, nicht die volle Auflösung der EOS M zu nutzen (schließlich ist jedes Megapixel teuer bezahlt, und wer weiß schon beim Fotografieren, wie die Aufnahme später einmal genutzt werden kann). Produktfotos für Onlineauktionen z. B. sind einer der wenigen Fälle, in denen ich direkt an der Kamera eine kleinere Bildgröße einstelle, da ich von vornherein weiß, dass die darstellbare Bildgröße von der Auktionsplattform beschränkt wird.

Wollen Sie dagegen keine Kompromisse bei der Qualität eingehen und möglichst viel Spielraum in der Nachbearbeitung haben, dann führt kein Weg am RAW-Format vorbei.

Die wichtigsten Einstellungen auf einen Blick

Seitenverhältnis

Neben der Bildaufnahmequalität können Sie im *Aufnahme*-Menü eines von vier Seitenverhältnissen einstellen. Zur Auswahl stehen: *3:2*, *4:3*, *16:9* und *1:1*.

⬅ *Die EOS M bietet Ihnen unterschiedliche Seitenverhältnisse zur Auswahl.*

Nur bei der Einstellung 3:2 wird die gesamte Fläche des Bildsensors genutzt. Bei den übrigen Seitenverhältnissen wird nur ein Teil des Sensors genutzt, der umgebende Bereich wird auf dem LCD-Monitor schwarz maskiert.

RAW-Fotos werden immer im Seitenverhältnis 3:2 gespeichert. Zusätzlich wird aber eine Information über das gewählte Seitenverhältnis angefügt. Beim Verarbeiten der Fotos mit der mitgelieferten Software Digital Photo Professional wird das Foto dann automatisch auf das in der Kamera gewählte Seitenverhältnis beschnitten.

ISO-Automatik

Die ISO-Automatik ist eine recht praktische Funktion, mit der Sie sich während des Fotografierens nicht weiter um die Einstellung der ISO-Empfindlichkeit zu kümmern brauchen. Die EOS M passt so die ISO-Empfindlichkeit automatisch an die Lichtbedingungen während der Aufnahme an.

⬆ *Um die ISO-Automatik zu aktivieren, wählen Sie zuerst das Feld für den ISO-Wert auf dem Info.-Schnelleinstellungsbildschirm ...*

⬆ *... und auf dem folgenden Bildschirm die Einstellung Auto.*

Die Grundeinstellungen

Sobald Sie die ISO-Automatik eingeschaltet haben, regelt die EOS M den ISO-Wert für jede Aufnahme entsprechend der vorherrschenden Lichtbedingungen und stellt z. B. automatisch einen höheren ISO-Wert ein, wenn Sie in einer dunklen Kirche fotografieren.

➲ Die für die aktuelle Aufnahme eingestellte ISO-Empfindlichkeit wird auf dem Kameramonitor angezeigt.

➲ Wenn Sie mit der ISO-Automatik arbeiten, wird der aktuelle ISO-Wert auf dem Kameramonitor in ganzen Einstellstufen (ISO 100, ISO 200, ISO 400 usw.) angezeigt. Tatsächlich wird die ISO-Empfindlichkeit aber sogar noch exakter und in kleineren Schritten angepasst. 37 mm, f5.6, 1/60 Sek., ISO 1250

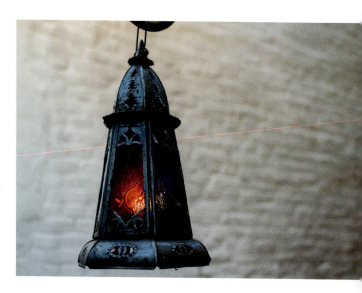

Im Motivbereich-Modus *Nachtaufnahme ohne Stativ* liegt die Obergrenze der ISO-Automatik bei ISO 12800.

Eine sehr sinnvolle Ergänzung zur ISO-Automatik ist die Funktion *ISO Auto-Limit* im Kameramenü. Damit legen Sie die Obergrenze für den höchsten ISO-Wert fest, den die ISO-Automatik einstellen darf. In der Standardeinstellung wählt die Automatik einen ISO-Wert aus dem Bereich von ISO 100 bis ISO 6400.

Wenn Sie nun feststellen, dass Ihnen das Bildrauschen bei ISO 6400 zu stark ist, können Sie im Kameramenü den höchsten erlaubten ISO-Wert herabsetzen.

Die wichtigsten Einstellungen auf einen Blick

⬆ In der Standardeinstellung wählt die ISO-Automatik einen Wert aus dem Bereich von ISO 100 bis ISO 6400 aus.

⬆ Für die automatische ISO-Einstellung können Sie die maximale ISO-Empfindlichkeit von ISO 400 bis ISO 6400 festlegen.

Weißabgleich

⬆ Da wir bei Sonnenauf- und Sonnenuntergängen eine warme Farbstimmung gewohnt sind, verleiht der orangefarbene Farbstich diesem Foto seine idyllische Stimmung. Der „richtige" Weißabgleich hätte eine neutrale, kühlere Farbwiedergabe zur Folge und das Bild würde weniger stimmungsvoll wirken. 55 mm, f8, 1/400 Sek., ISO 100, automatischer Weißabgleich

Unterschiedliche Lichtquellen weisen unterschiedliche Farbtemperaturen auf. So wirkt Kerzenschein durch einen starken Rotanteil wärmer als blaues Kunstlicht. Damit Sie bei der Aufnahme keinen Farbstich bekommen, müssen Sie an der EOS M den Weißabgleich korrekt einstellen.

➡ *Den Weißabgleich finden Sie u. a. auf dem Info.-Schnelleinstellungsbildschirm.*

Wie Sie es von der EOS M gewohnt sind, führen mehrere Wege ans Ziel, und so können Sie den Weißabgleich auf den beiden Schnelleinstellungsbildschirmen ändern.

➡ *Die EOS M bietet eine Reihe von Voreinstellungen für verschiedene Beleuchtungsarten.*

Auf dem nächsten Bildschirm können Sie dann den passenden Weißabgleich einstellen. Zur Auswahl stehen dabei die folgenden Optionen:

Symbol	Modus	Farbtemperatur (in Kelvin)
AWB	Automatischer Weißabgleich (AWB)	Universelle Einstellung, die Kamera stellt die Farbtemperatur automatisch im Bereich von 3000 bis 7000 K ein.
☀	Tageslicht	5200

Die wichtigsten Einstellungen auf einen Blick

Symbol	Modus	Farbtemperatur (in Kelvin)
	Schatten	7000
	Wolkig	6000
	Kunstlicht	3200
	Leuchtstofflampen	4000
	Blitz	Bei entsprechenden Speedlite-Geräten wird die Farbtemperatur automatisch gewählt, ansonsten 6000 K.
	Manueller Weißabgleich (Custom WB)	2000 – 10000

⬆ *Die unterschiedlichen Voreinstellungen stehen für unterschiedliche Farbtemperaturen.*

Wählen Sie den automatischen Weißabgleich, wenn Sie unbeschwert fotografieren und nicht ständig über den richtigen Weißabgleich nachdenken wollen. In dieser Einstellung sucht die Kamera im Foto nach der hellsten Stelle und interpretiert diese als Weiß. Probleme gibt es nur dann, wenn die hellste Stelle im Bild gar nicht weiß ist.

Das Einstellen der passenden Beleuchtungssituation wie Blitz, Schatten oder Kunstlicht empfiehlt sich dagegen, wenn Sie eine Aufnahmeserie fotografieren (z. B. eine Reihe von Fotos, die zu einem Panorama zusammengesetzt werden soll). So vermeiden Sie Farbsprünge zwischen den einzelnen Aufnahmen.

Beim manuellen Weißabgleich benutzen Sie eine weiße Fläche als Referenz.

Der automatische Weißabgleich der EOS M arbeitet recht zuverlässig und kann als Standardeinstellung dienen. Wollen Sie aber eine Aufnahmeserie ohne Farbsprünge fotografieren, so wählen Sie besser eine der Vorgaben, die am besten zu den aktuellen Lichtbedingungen passt.

121

Die Grundeinstellungen

▶ *Diese Vergleichsserie zeigt die Auswirkungen unterschiedlicher Einstellungen für den Weißabgleich. Bei einer niedrigen Farbtemperatur (3000 K) bekommt das Bild einen Blaustich.*

▶ *Die Voreinstellung Tageslicht (5200 K) liefert eine neutrale Farbwiedergabe.*

▶ *Bei höheren Werten für die Farbtemperatur (im Beispiel 10000 K) kippen die Farben ins Rötliche.*

Farbraum

Wie rot ist eine rote Rose? Weder die Digitalkamera noch der Computerbildschirm noch der Tintenstrahldrucker decken bei der Aufzeichnung bzw. der Wiedergabe das umfangreiche Farbspektrum der Natur umfassend und komplett ab.

In der Digitalfotografie haben sich die beiden Farbräume Adobe RGB und sRGB als Quasistandards etabliert. Die Buchstaben stehen für die drei Grundfarben Rot, Grün und Blau, mit denen nach dem Prinzip der additiven Farbmischung alle anderen Farben zusammengesetzt werden. So ist das Bild beim Fernsehgerät oder Computermonitor aus lauter winzigen roten, grünen und blauen Pixeln aufgebaut, die im Auge des Betrachters zu einem Farbeindruck verschmelzen.

Der Farbraum beschreibt das zur Verfügung stehende Farbspektrum.

In den Motivbereich-Modi wird immer *sRGB* als Farbraum eingestellt.

Bei Fotos im RAW-Format lässt sich der Weißabgleich zwar problemlos und ohne Beeinträchtigung der Bildqualität abändern, ein korrekt eingestellter Weißabgleich an der Kamera lohnt sich aber dennoch, da so schon das Vorschaubild farbrichtig wiedergegeben wird.

◀ *Bei der Aufnahme können Sie dem Foto entweder ein sRGB- oder ein Adobe-RGB-Farbprofil zuweisen.*

Die Entscheidung für den passenden Farbraum ist nicht ganz einfach. Ohne Zweifel ist Adobe RGB der „größere" Farbraum und umfasst mehr Farbnuancen als sRGB. Seine Vorteile spielt er vor allem bei hochwertigen Druckverfahren aus, allerdings erfordert die Arbeit mit Adobe-RGB-Fotos auch mehr Know-how. Die eingehendere Beschäftigung mit dem Thema Farbmanagement ist dann unumgänglich.

Der sRGB-Farbraum ist daher die bessere Wahl, wenn Sie sich nicht weiter um das Farbmanagement kümmern (wollen), die Fotos überwiegend am Monitor betrachten oder per Onlinedienst Abzüge bestellen (denn praktisch alle Labore für Amateurfotografen arbeiten mit dem sRGB-Farbraum).

Haben Sie sich bei einem JPEG-Bild bei der Aufnahme für einen der beiden Farbräume entschieden, so können Sie das Bild nicht ohne Verluste in den jeweils anderen Farbraum.

Die Grundeinstellungen

> Sie erkennen den eingestellten Farbraum auch am Dateinamen. Bei JPEG- und RAW-Dateien im sRGB-Farbraum beginnt er mit „IMG_". Fotos mit dem Adobe-RGB-Farbraum werden durch einen Unterstrich am Anfang gekennzeichnet: „_MG_".

RAW-Fotografen sind hier einmal mehr auf der sicheren Seite, denn in der RAW-Datei wird immer der komplette Farbraum gespeichert.

Bildstile

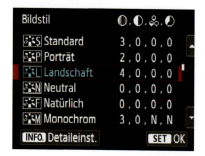

▶ *Die EOS M bietet sechs voreingestellte Bildstile, mit denen Sie die Farb- und Kontrastwiedergabe optimal auf das Motiv abstimmen können.*

Mit der Einstellung *Bildstil* bestimmen Sie die Vorgaben für Scharfzeichnung, Helligkeit, Kontrast, Farbsättigung und Farbton bei der Aufbereitung der Bilddaten. Die Auswahl des passenden Bildstils ist in erster Linie dann sinnvoll, wenn Sie im JPEG-Format fotografieren oder ein Video aufnehmen.

Für RAW-Bilder lassen sich die individuellen Anpassungen zwar später sehr gezielt im Bildbearbeitungsprogramm am Computer vornehmen, trotzdem lohnt es sich, den passenden Bildstil schon bei der Aufnahme einzustellen, um das Ergebnis bereits auf dem Kameramonitor gut beurteilen zu können. Das gilt insbesondere, wenn Sie die Belichtung mithilfe des Histogramms überprüfen möchten, da dieses basierend auf der JPEG-Datei erstellt wird. Wollen Sie also ein für die RAW-Datei aussagekräftiges Histogramm, muss der Bildstil korrekt eingestellt sein.

Die wichtigsten Einstellungen auf einen Blick

◀ *Der Info.-Schnelleinstellungsbildschirm bietet einen schnellen Zugriff auf die Bildstile.*

▲ *Der Bildstil Landschaft sorgt für kräftige Farben und betont dabei besonders die blauen und grünen Farbtöne. 18 mm, f8, 1/400 Sek., ISO 100*

1 Rufen Sie zur Auswahl des Bildstils zunächst den *Info.-Schnelleinstellungsbildschirm* auf und öffnen Sie, wie in der Bildschirmabbildung gezeigt, den Auswahlbildschirm für die Bildstile.

◀ *Wählen Sie den passenden Bildstil aus den Voreinstellungen aus.*

Die Grundeinstellungen

Zusätzlich zu den voreingestellten Bildstilen bietet Ihnen die EOS M drei Speicherplätze für eigene Bildstile (*Anw. Def. 1–3*), bei denen Sie die einzelnen Parameter individuell festlegen können.

2 Wählen Sie dann auf dem nächsten Bildschirm den *Bildstil*, der am besten zu Ihrem Motiv passt. Zur Auswahl stehen:

- *Auto:* Der Kontrast und die Farbwiedergabe werden entsprechend dem Motiv angepasst. In der Regel werden Farben sehr bunt wiedergegeben.

- *Standard:* Sie erhalten deutlich geschärfte Bilder mit hoher Farbsättigung. Verwenden Sie diesen Stil, wenn Sie ohne viel Nachbearbeitung farbenfrohe, lebendige Bilder bevorzugen.

- *Porträt:* Die Fotos werden weniger stark geschärft, und die Farbwiedergabe ist auf eine natürliche Wiedergabe der Hauttöne ausgerichtet.

- *Landschaft:* Dieser Bildstil betont die Farben Blau und Grün, und eine kräftige Schärfung sorgt für eine klare Wiedergabe der Landschaftsdetails.

- *Neutral:* Die Fotos zeichnen sich durch eine ausgeglichene Farbwiedergabe aus, und die Scharfzeichnung erfolgt nur zurückhaltend. JPEG-Fotos mit diesem Bildstil lassen den größten Spielraum für die Nachbearbeitung am Computer.

- *Natürlich:* Bei dieser Vorgabe versucht die Kamera eine möglichst naturgetreue Wiedergabe und stimmt die Farbwiedergabe farbmetrisch auf die Farben des Motivs ab. Für das menschliche Auge wirken die Fotos in den meisten Fällen nicht besonders ansprechend, da die Farben matt und gedämpft wirken.

- *Monochrom:* Dieser Bildstil liefert klassische Schwarz-Weiß-Aufnahmen. Es ist allerdings Vorsicht geboten, da Sie so reine Schwarz-Weiß-JPEG-Dateien ohne jegliche Farbinformationen erhalten. Am besten funktioniert dieser Bildstil in Verbindung mit dem RAW-Format. Der Kameramonitor liefert dadurch einen zuverlässigen Eindruck von der Wirkung des Motivs als SW-Bild. Gleichzeitig bekommen Sie aber eine RAW-Bilddatei, die alle Farbinformationen enthält, und Sie können die SW-Umsetzung bei Bedarf nachträglich gezielt am Computer vornehmen.

Die wichtigsten Einstellungen auf einen Blick

◁ *Der Bildstil Monochrom öffnet Ihnen die Tür in die kreative Welt der Schwarz-Weiß-Fotografie. 28 mm, f8, 1/800 Sek., ISO 100*

◁ *Neben der reinen Schwarz-Weiß-Umsetzung sind auch Tonungseffekte möglich. 28 mm, f8, 1/800 Sek., ISO 100*

Im Bildstil *Monochrom* können Sie zusätzlich zu Schärfe und Kontrast einen Farbfiltereffekt sowie einen Tonungseffekt einstellen.

Während der eine knackscharfe und möglichst bunte Bilder liebt, gefallen dem anderen gedämpfte Farben besser. Und da die Stärke und Ausrichtung der Farb- und Kontrastwiedergabe in erster Linie Geschmackssache ist, können Sie entweder einen eigenen Bildstil kreieren (Speicherplätze *Anw. Def. 1–3*) oder für jeden der voreingestellten Bildstile den Grad von Schärfe, Kontrast, Farbsättigung und Farbton selbst anpassen:

➡ *Die Einstellung des Bildstils ist nicht nur auf den beiden Schnelleinstellungsbildschirmen zu finden, sondern auch auf der vierten Registerkarte des roten Aufnahme-Menüs.*

Unter der Internetadresse *http://web.canon.jp/imaging/pictuestyle* bietet Canon eine ganze Reihe von Bildstilen an, die Sie nach dem Herunterladen auf die EOS M übertragen können.

1 Rufen Sie zunächst das Kameramenü auf und navigieren Sie zur Menüoption *Bildstil*.

➡ *Wählen Sie dann den Basisbildstil.*

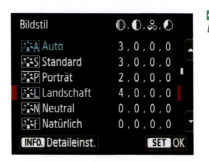

2 Markieren Sie nun den Bildstil, den Sie nach Ihren Vorstellungen anpassen möchten.

➡ *Mit der*  *-Taste erreichen Sie den Bildschirm Detaileinst., auf dem Sie die Vorgabe für Schärfe, Kontrast, Farbsättigung und Farbton per Schieberegler anpassen können.*

Die wichtigsten Einstellungen auf einen Blick

3 Drücken Sie nun die `Info.` -Taste, um den Bildschirm mit den Detaileinstellungen aufzurufen.

◀ *Per Schieberegler passen Sie die Stärke an.*

4 Tippen Sie nun auf den gewünschten Parameter, z. B. *Schärfe*, und stellen Sie die gewünschte Stärke mit dem Schieberegler ein.

Schärfe	0: geringe Scharfzeichnung	7: starke Scharfzeichnung
Kontrast	-4: geringer Kontrast	+ 4: hoher Kontrast
Farbsättigung	-4: dezente Farben	+ 4: leuchtend bunte Farben
Farbton	-4: rötlich wirkender Hautton	+4 gelblich wirkender Hautton

⬆ *Für die Stärke-Einstellung der einzelnen Parameter können Sie sich an der Tabelle orientieren.*

◀ *Es lassen sich die vier Parameter Schärfe, Kontrast, Farbsättigung und Farbton individuell festlegen.*

5 Übernehmen Sie die Änderung mit einem Druck auf die `Q/SET` -Taste. Die Kamera kehrt zum Bildschirm mit den Detaileinstellungen zurück, und bei Bedarf können Sie weitere Parameter des Bildstils anpassen.

Die Grundeinstellungen

▶ *Die von den Standardeinstellungen abweichenden Parameter werden blau dargestellt.*

6 Haben Sie alle gewünschten Parameter geändert, so drücken Sie die `MENU`-Taste, um die Änderungen im ausgewählten Bildstil abzuspeichern.

Stromsparfunktionen

Wie viele Aufnahmen Ihre EOS M mit einer Akkuladung „schafft", hängt sowohl von Ihren Aufnahmegewohnheiten als auch den Kameraeinstellungen ab.

In der Grundeinstellung der Kamera ist festgelegt, dass sie sich nach einer Minute der Nichtnutzung automatisch abschaltet, um Strom zu sparen. Um das nächste Foto aufzunehmen, müssen Sie die Kamera dann erst mit dem `On/Off`-Schalter neu starten.

◀ *Die Option Energiesparmodus finden Sie auf der zweiten Registerkarte des gelben Einstellungen-Menüs.*

Die EOS bietet dabei zwei unterschiedliche Stufen an: So kann zuerst nur der Monitor und später die Kamera komplett abgeschaltet werden. Die Zeitspanne bis zum automatischen Abschalten legen Sie mit der Menüoption *Energiesparmodus* im Kameramenü fest.

◀ Wie viel Zeit bis zur Abschaltung des Kameramonitors vergeht, legen Sie im Menüeintrag LCD autom. aus fest.

Mit der Einstellung *LCD autom. aus* legen Sie die Zeitspanne fest, nach der der Monitor abgeschaltet wird, wenn Sie die Kamera länger nicht bedient haben. Um die Kamera aus diesem Standby aufzuwecken, reicht ein einfaches Antippen des Auslösers, und Sie können weiter fotografieren.

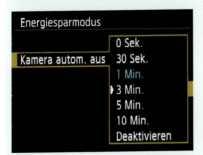

◀ Die Einstellung Kamera autom. aus regelt die Zeitdauer bis zur automatischen Abschaltung.

Da der Monitor verhältnismäßig viel Strom verbraucht, ist es sinnvoll, eine kurze Zeitspanne bis zur automatischen Abschaltung zu wählen. Zusätzlich lässt sich noch etwas Strom sparen, wenn Sie auf die automatische 2-sekündige Bildwiedergabe des Fotos nach der Aufnahme verzichten. Die Einstellung dazu heißt *Rückschauzeit* und ist auf der ersten Registerkare des roten *Aufnahme*-Menüs untergebracht.

◀ Die Rückschauzeit legt fest, wie lange das Bild nach der Aufnahme auf dem LCD-Monitor angezeigt wird. Mit Aus wird die automatische Wiedergabe nach der Aufnahme unterdrückt, mit der Einstellung Halten wird das Bild so lange angezeigt, bis die Kamera (automatisch) abgeschaltet wird.

Die Wahl der Betriebsart: Einzelbild, Serienaufnahme und Selbstauslöser

➡ *Die Einstellung zur Betriebsart finden Sie u. a. auf dem* `Info.` *- Schnelleinstellungsbildschirm.*

Die EOS M bietet Ihnen unterschiedliche Betriebsarten an, mit denen Sie die Aufnahmegeschwindigkeit der Kamera vorgeben und die Sie je nach Aufnahmesituation einstellen können. Sie haben dabei die Wahl zwischen *Einzelbild*, *Reihenaufnahme* und dem *Selbstauslöser* bzw. der Auslösung mit einer IR-Fernbedienung.

➡ *Der Auswahlbildschirm für die Betriebsart*

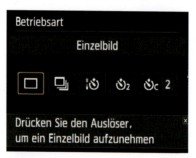

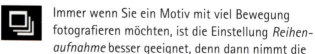

In der Grundeinstellung fotografiert die EOS M im *Einzelbildmodus*, d. h., es wird jeweils ein Foto aufgenommen, wenn Sie den Auslöser komplett durchdrücken.

Immer wenn Sie ein Motiv mit viel Bewegung fotografieren möchten, ist die Einstellung *Reihenaufnahme* besser geeignet, denn dann nimmt die EOS kontinuierlich Fotos auf, solange Sie den Auslöser gedrückt halten, und zwar so lange, bis entweder der Akku leer oder die Speicherkarte voll ist. Die Reihenaufnahme hilft Ihnen auch dabei, wenn Sie den entscheidenden Moment nicht verpassen wollen. Übertreiben sollten Sie es mit der Reihenaufnahme aber auch nicht, denn durch das „Dauerfeuer" entstehen sehr viele ähnliche Aufnahmen, die sich in kaum sichtbaren Nuancen unterscheiden und so schnell die Festplatte verstopfen.

In der Reihenaufnahme schafft die EOS M bis zu 4,3 Fotos pro Sekunde.

Die tatsächlich erreichte Serienbildrate hängt von diversen Faktoren wie der Belichtungszeit, dem verwendeten Objektiv oder der Schreibgeschwindigkeit der Speicherkarte ab. Auch der gewählte AF-Betrieb spielt eine Rolle. Die maximale Bildfrequenz von 4,3 Fotos/Sekunde wird z. B. nur in der AF-Betriebsart One-Shot AF erreicht. Beim nachführenden Servo AF sinkt die Serienbildgeschwindigkeit auf 1,7 Aufnahmen/Sekunde in Verbindung mit dem EF-M 18-55mm bzw. 1,2 Aufnahmen/Sekunde beim EF-M 22mm.

⬆ *Um bei nächtlicher Langzeitbelichtung die Kamera nicht während der Aufnahme durch das Betätigen des Auslösers an der EOS M zu verschieben, sollten Sie den Selbstauslöser oder eine Fernbedienung verwenden. 18 mm, f/22, 3,2 Sek., ISO 100*

Zusätzlich zur Reihenaufnahme finden Sie auf dem Einstellungsbildschirm für die Betriebsart verschiedene Einstellungen für die Verwendung des Selbstauslösers oder einer IR-Fernbedienung.

Für Aufnahmen mit dem Selbstauslöser gibt es zwei gute Gründe: Entweder Sie wollen selbst mit aufs Bild oder Sie fotografieren mit einer langen Belichtungszeit. In letzterem Fall ist das Risiko hoch, die Kamera während des Auslösens leicht zu bewegen, was im Bild zu einer Unschärfe führt.

 In dieser Einstellung hat der Selbstauslöser eine Vorlaufzeit von 10 Sekunden, d. h., die Aufnahme erfolgt erst 10 Sekunden nachdem Sie den Auslöser gedrückt haben. Außerdem müssen Sie diese Betriebsart wählen, wenn Sie die EOS M berührungslos mit der IR-Fernbedienung RC-6 auslösen möchten.

Wenn Sie auf dem Auswahlbildschirm für die Betriebsart die Einstellung *Selbstauslöser/Fernbedienung* gewählt haben, können Sie nun entweder sofort mit der Fernbedienung RC-6 ein Foto aufnehmen oder den Selbstauslöser nutzen. Betätigen Sie dazu, wie von normalen Aufnahmen gewohnt, den Auslöser bis zum ersten Druckpunkt, um das Bild scharf zu stellen. Drücken Sie nun den Auslöser komplett durch, so beginnt die kombinierte Selbstauslöser/AF-Hilfslicht-Leuchte, auf der Kameravorderseite rot zu blinken, und es ist ein Signalton zu hören. Gleichzeitig wird ein Countdown auf dem Monitor angezeigt, der die verbleibenden Sekunden bis zur Auslösung herunterzählt. Zwei Sekunden vor der eigentlichen Aufnahme wird der Signalton schneller und die Selbstauslöser-Lampe leuchtet dauerhaft, sodass Sie sich gut auf die bevorstehende Aufnahme vorbereiten können.

 Der Selbstauslöser mit 2 Sekunden Vorlauf ist gut dazu geeignet, wenn Sie bei einer Nachtaufnahme oder anderen Langzeitbelichtungen keine Fernbedienung zur Hand haben. So können die Schwingungen, die durch die Berührung des Auslösers entstehen, abklingen, bevor die EOS M das Foto aufnimmt.

Bei Selbstauslöser-Fotos ist es gar nicht so einfach, den richtigen Moment abzupassen. Damit Sie nicht mehrmals hektisch hinter der Kamera hervorspringen müssen, um die Fotoausbeute zu verbessern, bietet die EOS M die Einstellung *Selbstauslöser-Intervall* und nimmt nach dem Ablauf der 10 Sekunden eine Reihenaufnahme mit bis zu 10 Fotos auf, sodass Sie bequem mehrere Posen, Positionen und Gesichtsausdrücke ausprobieren können.

Bei der Betriebsart Selbstausl.:Reihenaufn. können Sie den Selbstauslöser mit einer Reihenaufnahme kombinieren und dabei eine Anzahl von 2 bis 10 Aufnahmen einstellen.

Copyright-Informationen

Sie können in der EOS M Ihren Namen hinterlegen, damit dieser automatisch in den EXIF-Metadaten der Fotos mit gespeichert wird, damit später keine Zweifel daran bestehen, wer der Urheber der Fotos ist.

Die Eingabe der Copyright-Informationen nehmen Sie im Einstellungen-Menü vor.

1 Wählen Sie dazu auf der vierten Registerkarte des gelben *Einstellungen*-Menüs den Punkt *Copyright-Informationen*.

Die Grundeinstellungen

▶ *Sie können Ihren Namen oder weitere Informationen eingeben und, sofern vorhanden, die aktuell gespeicherten Daten ansehen.*

2 Tippen Sie nun auf den Menüpunkt *Name des Autors eingeben*.

▶ *Über die Bildschirmtastatur lässt sich der gewünschte Text komfortabel eingeben.*

3 Geben Sie Ihren Namen über die angezeigte Bildschirmtastatur ein und übernehmen Sie die Änderung mit *OK*.

⬆ *Wenn Sie Ihren Namen in den Copyright-Informationen der EOS M hinterlegen, wird der Urheberhinweis automatisch in den Metadaten der Fotos gespeichert.*

Ordnung muss sein

Die Dateinamen für JPEG- und RAW-Bilder beginnen mit *IMG_* (*_MG_*, wenn Sie den Farbraum Adobe RGB eingestellt haben), gefolgt von der Dateinummer, die die EOS M entsprechend der Aufnahmereihenfolge fortlaufend von 0001 bis 9999 vergibt.

Die Dateinamen für Filmaufnahmen beginnen mit *MVI_*. Die Dateinamenerweiterung von JPEG-Bildern ist *.JPG*, von RAW-Bildern *.CR2* und von Videodateien *.MOV*.

◖ *Auf Wunsch lässt sich die automatische Methode der Dateinummerierung ändern.*

Folgende Varianten der Dateinummerierung stehen zur Auswahl:

- *Reihenauf.* Die Dateinummer wird mit jeder Aufnahme um 1 erhöht und bis 9999 fortgeführt – auch wenn Sie die Kamera zwischendurch aus- und wieder einschalten oder ein neuer Ordner angelegt wird.
- *Auto reset:* Jedes Mal, wenn Sie eine neue Speicherkarte einlegen oder einen neuen Ordner anlegen, beginnt die Dateinummerierung wieder bei 0001.
- *Man. Reset:* setzt die Dateinummerierung auf 0001 zurück, und es wird automatisch ein neuer Ordner angelegt.

Aus meiner Sicht ist die Standardeinstellung *Reihenauf.* für die Dateinummerierung auch die sinnvollste, denn so zählt die Kamera die Fotos fortlaufend durch. Der Zähler bezieht sich dabei nicht auf die Speicherkarte oder den Ordner, sondern ausschließlich auf die Kamera, und Sie riskieren keine Probleme durch gleiche Dateinamen beim Import der Bilder auf den Computer.

Die EOS M erstellt auf der Speicherkarte immer einen Ordner mit der Bezeichnung *DCIM* und darin den Unterordner *100CANON*, in dem die Fotos gespeichert werden. Sind in einem Ordner 9999 Fotos vorhanden, wird automatisch ein neuer Ordner *101CANON* angelegt. Der Ordnername setzt sich aus drei Ziffern (möglich sind Ordnernummern von 100 bis 999) gefolgt von fünf alphanumerischen Zeichen zusammen.

Achtung: Wenn im Ordner 999 die Dateinummer 9999 erreicht ist, können keine weiteren Fotos mehr gemacht werden, selbst wenn noch freier Platz auf der Speicherkarte vorhanden ist!

Bei Bedarf können Sie auch eigene Ordner erstellen, um dort bestimmte Bilder zu sammeln, so lassen sich z. B. bei einer längeren Reise einzelne Ordner für unterschiedliche Orte anlegen, um besser die Übersicht zu behalten.

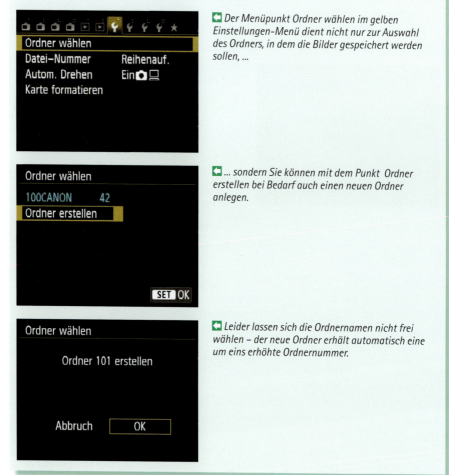

◁ Der Menüpunkt Ordner wählen im gelben Einstellungen-Menü dient nicht nur zur Auswahl des Ordners, in dem die Bilder gespeichert werden sollen, ...

◁ ... sondern Sie können mit dem Punkt Ordner erstellen bei Bedarf auch einen neuen Ordner anlegen.

◁ Leider lassen sich die Ordnernamen nicht frei wählen – der neue Ordner erhält automatisch eine um eins erhöhte Ordnernummer.

5

Kapitel 5
Erweiterte Funktionen

Die wichtigsten Einstellungen der EOS M haben Sie bereits im vorangegangenen Kapitel kennengelernt. Auf den folgenden Seiten sehen Sie, was das Kameramenü sonst noch so zu bieten hat. Viele der Funktionen werden Sie nicht täglich nutzen, es ist aber trotzdem gut zu wissen, dass es sie gibt, damit Sie sie im Bedarfsfall nutzen können.

ERWEITERTE FUNKTIONEN

Automatische Korrektur von Helligkeit/Kontrast

Bei Aufnahmen mit sehr großen Helligkeitsunterschieden kann die EOS M den Kontrast nicht optimal im Bild zeigen. Hier hilft die *Automatische Belichtungsoptimierung* (Auto Lighting Optimizer) weiter und korrigiert automatisch die Bildhelligkeit und den Kontrast des Fotos. Die Stärke der Optimierung ist in drei Stufen wählbar. In der Grundeinstellung wendet die EOS M die mittlere Stufe an.

➡ *Das Bildergebnis ohne Belichtungsoptimierung. 35 mm, f/5, 1/250 Sek., ISO 100*

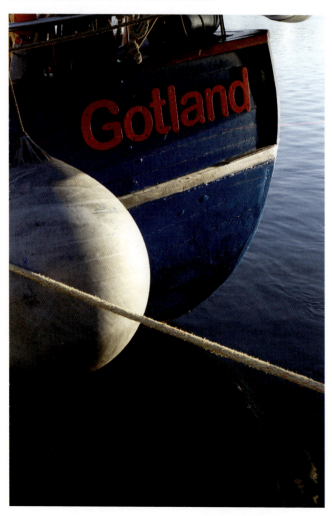

Automatische Korrektur von Helligkeit/Kontrast

◈ *Mit der Automatischen Belichtungsoptimierung wird der Kontrast angepasst. Die dunklen Bildbereiche werden aufgehellt, und der rote Schriftzug wirkt leuchtender. Das Bild ist mit der höchsten Stufe der Automatischen Belichtungsoptimierung aufgenommen. 35 mm, f/5, 1/250 Sek., ISO 100*

Bei JPEG-Fotos wird die Korrektur bereits bei der Aufnahme vorgenommen und lässt sich nachträglich nicht mehr ändern. Wenn Sie im RAW-Format fotografieren, können Sie die Stärke der Automatischen Belichtungsoptimierung nachträglich problemlos in Digital Photo Professional anpassen.

Erweiterte Funktionen

▶ *Sie finden die Automatische Belichtungsoptimierung auf der dritten Registerkarte des roten Aufnahme-Menüs.*

1 Markieren Sie den Menüeintrag *Autom. Belichtungsoptimierung* und drücken Sie die `Q/SET`-Taste, um den Einstellungsbildschirm aufzurufen.

▶ *Die Standard-Stufe ist voreingestellt.*

2 Wählen Sie die gewünschte Stärke entsprechend dem Motiv – möglich sind die Einstellungen *Gering*, *Standard* und *Hoch* – und übernehmen Sie die Änderung mit der `Q/SET`-Taste.

Die Automatische Belichtungsoptimierung hellt die dunklen Bildstellen digital auf. Bei sehr starken Korrekturen kann dies das Bildrauschen verstärken.

Für das Fotografieren bei manueller Belichtung (Kreativ-Programm *M*) ist die Automatische Belichtungsoptimierung standardmäßig ausgeschaltet. Wollen Sie die automatische Korrektur auch in diesem Aufnahmeprogramm nutzen, so deaktivieren Sie in Schritt 2 den Haken vor der Option durch Drücken der `Info.`-Taste.

Tonwert Prioriät

Mit dem Einschalten der *Tonwert Priorität* in den Individualfunktionen der EOS M können Sie den Dynamikumfang um etwa eine Blendenstufe erweitern, und entgegen der Automatischen Belichtungsoptimierung wirkt sich die Einstellung *Tonwert Priorität* auch auf RAW-Dateien aus.

Bei aktivierter *Tonwert Priorität* werden bei der Belichtung intern unterschiedliche ISO-Empfindlichkeiten für die hellen und dunklen Bildbereiche verwendet. Alle Bildbereiche, die dunkler sind als der Referenzwert der Belichtung (mittleres Grau mit 18 % Reflexion), werden mit dem eingestellten ISO-Wert, z. B. ISO 400, verarbeitet. Alle helleren Stellen im Bild werden mit einem um eine Stufe reduzierten ISO-Wert (im Beispiel ISO 200) verarbeitet, und durch die geringere Empfindlichkeit gewinnen die helleren Bereiche an Zeichnung. Unter ungünstigen Umständen führt die *Tonwert Priorität* allerdings zu einer Zunahme des Bildrauschens in den dunklen Bildpartien.

Die Automatische Belichtungsoptimierung funktioniert nicht, wenn Sie in den Individualfunktionen der EOS M die *Tonwert Priorität* (siehe *Kasten*) gewählt haben.

Die Einstellung Tonwert Priorität finden Sie in den Individualfunktionen der EOS M.

Gehen Sie wie folgt vor, um die Tonwertpriorität einzuschalten, um überbelichtete Spitzlichtbereiche zu verhindern:

1 Rufen Sie das Kameramenü und dort die vierte Registerkarte des gelben *Einstellungen*-Menüs auf und wählen Sie den Menüeintrag *Individualfunktionen (C.Fn.)*.

2 Scrollen Sie mit ←/→-WAHLRAD bis zur Position *3*: *C.FN II: Bild Tonwert Priorität*.

Erweiterte Funktionen

3 Markieren Sie den *Eintrag 1: Möglich* und übernehmen Sie die Einstellung mit einem Druck auf die Q/SET - Taste.

4 Drücken Sie leicht auf den Auslöser, um das Kameramenü zu schließen und die Kamera wieder aufnahmebereit zu machen.

Die eingeschaltete Tonwert Priorität erkennen Sie am D+ vor der Anzeige des ISO-Werts. Eine eventuell aktivierte Automatische Belichtungsoptimierung wird dann abgeschaltet und der zur Verfügung stehende ISO-Bereich auf ISO 200 bis 12800 beschränkt.

Korrektur von Abbildungsfehlern

Leider ist kein Objektiv ohne Fehl und Tadel, sei es noch so gut korrigiert. Auch die hochwertigen EF-M-e der EOS M machen da leider keine Ausnahme.

Zu den typischen Abbildungsfehlern eines Objektivs zählen die sogenannte Vignettierung und der Farbfehler (chromatische Aberration). Als Vignettierung bezeichnet man den Lichtabfall zu den Ecken hin, der Farbfehler entsteht durch die unterschiedlichen Brennpunkte des Objektivs für die einzelnen Wellenlängen des farbigen Lichts, was in Form von Farbsäumen an den Kanten eines Motivs störend in Erscheinung tritt.

Die EOS M bietet Ihnen daher eine integrierte Korrekturmöglichkeit für die Vignettierung und den Farbfehler – bei Aufnahmen im RAW-Format können Sie die genannten Abbildungsfehler auch jederzeit in dem Programm Digital Photo Professional von der mitgelieferten CD eliminieren.

KORREKTUR VON ABBILDUNGSFEHLERN

⬆ Besonders Weitwinkelaufnahmen neigen zu dunklen Bildecken. 18 mm, f/5,6, 1/320 Sek., ISO 100

⬆ Durch die automatische Objektivfehler-Korrektur wird die Vignettierung praktisch vollständig beseitigt. 18 mm, f/5,6, 1/320 Sek., ISO 100

Erweiterte Funktionen

Da beide Abbildungsfehler je nach Objektivtyp unterschiedlich stark ausgeprägt sind, ist die EOS M mit den Korrekturdaten für das EF-M 18-55mm f3.5-5.6 IS STM und das EF-M 22mm f/2 STM ausgestattet, um die Stärke der Korrektur stets optimal auf das verwendete Objektiv abstimmen zu können.

Mit der mitgelieferten Software EOS Utility (siehe *Kapitel 11* ab *Seite 287*) können Sie bei Bedarf die Korrekturprofile für weitere Objektive auf die EOS M überspielen.

➡ *Die Korrektur der Objektivfehler finden Sie unter dem etwas sperrigen Namen ObjektivAberrationskorrektur.*

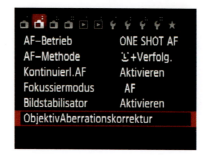

Die automatische Objektivfehler-Korrektur können Sie jederzeit im Kameramenü auf der zweiten Registerkarte des roten *Aufnahme*-Menüs ein- oder ausschalten:

1 Rufen Sie dazu den Menüeintrag *ObjektivAberrationskorrektur* auf.

➡ *In der Grundeinstellung ist die Korrektur der Farbfehler ausgeschaltet.*

Auf dem folgenden Bildschirm zeigt die EOS M das erkannte Objektiv und, wenn das Profil für das angesetzte Objektiv vorliegt, die Meldung *Korrekturdaten verfügbar*.

Rauschreduzierung

2 Wählen Sie nun je nach Bedarf den Eintrag *Vignettierung* oder *Farbfehler*, um die automatische Korrektur des entsprechenden Abbildungsfehlers ein- oder abzuschalten.

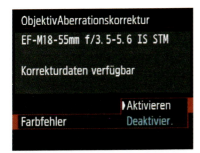

Sie können die Korrektur von Vignettierung und Farbfehler nach Bedarf aktivieren oder deaktivieren.

Die automatische Korrektur benötigt natürlich Rechenzeit. Haben Sie die Objektivfehler-Korrekturen im Kameramenü aktiviert, nimmt die Serienbildgeschwindigkeit bei einer Reihenaufnahme ab.

Rauschreduzierung

Unter Bildrauschen versteht man Bildstörungen in Form von fehlerhaften Bildpunkten mit falscher Farbe oder abweichender Helligkeit, die vor allem in den dunklen Bildbereichen sichtbar werden. Die Neigung zu störendem Bildrauschen steigt bei hohen ISO-Empfindlichkeiten und – allerdings in einem deutlich geringeren Ausmaß – auch bei langen Belichtungszeiten (> 1 Sek.).

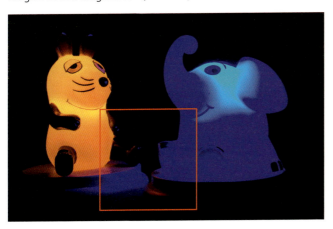

35 mm, f8, 2 Sek., ISO 100

Erweiterte Funktionen

➡ *Trotz der langen Belichtungszeit von 2 Sek. zeigt das Bild bei einer Empfindlichkeitseinstellung von ISO 100 kaum Bildrauschen, wie dieser Ausschnitt zeigt.*

➡ *Der Ausschnitt vom gleichen Motiv, dieses Mal mit einer ISO-Empfindlichkeitseinstellung von ISO 12800 aufgenommen, zeigt dagegen deutliches Bildrauschen.*

RAUSCHREDUZIERUNG

Die EOS M bietet für beide Formen des Bildrauschens eine Korrekturmöglichkeit an, allerdings nur, wenn Sie in einem der Kreativ-Programme (*P*, *Av*, *Tv* oder *M*) fotografieren.

In den Motivbereich-Modi und der *Automatischen Motiverkennung* stellt die EOS M die Rauschreduzierung automatisch ein, und die Stärke kann nicht geändert werden.

High ISO Rauschreduzierung

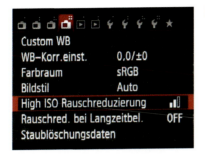

◀ Die Einstellungen zur Rauschreduzierung finden Sie auf der vierten Registerkarte des roten Aufnahme-Menüs.

1 Rufen Sie den Menüpunkt *High ISO Rauschreduzierung* auf.

◀ Die EOS M bietet die Rauschreduzierung in drei unterschiedlich starken Stufen an.

2 Wählen Sie die gewünschte Stärke, zur Auswahl stehen die Stufen *Gering*, *Standard* und *Stark*.

Die High ISO Rauschreduzierung erfolgt durch eine mehr oder weniger ausgeprägte Weichzeichnung. Das Bildrauschen wird dadurch zwar vermindert, es gehen aber immer auch Bilddetails verloren. Im Klartext: Je stärker die Rauschreduzierung, desto geringer wird die Bildschärfe. Wann immer möglich, sollten Sie dagegen mit einem möglichst niedrigen ISO-Wert arbeiten.

151

Fotografieren Sie im JPEG-Format und wollen die Fotos möglichst ohne Nachbearbeitung nutzen, so empfiehlt sich die Standardstufe mit einer ausgewogenen Weichzeichnung, um das Bildrauschen zu eliminieren, ohne die feinen Details komplett glatt zu bügeln.

RAW-Fotografen dagegen können die Rauschreduzierung bei hohen ISO-Werten getrost durch die Wahl von *OFF* deaktivieren, denn in der Nachbearbeitung am Computer lässt sich die Rauschreduzierung deutlich besser steuern.

Wenn Sie bei Aufnahmen mit wenig Licht nicht mit einem Stativ fotografieren wollen oder dürfen (z. B. im Museum), müssen Sie den ISO-Wert erhöhen. 45 mm, f/5,6, 1/45 Sek., ISO 12800

RAUSCHREDUZIERUNG

◀ Ein Ausschnitt aus dem Ausgangsbild bei abgeschalteter High ISO Rauschreduzierung.

◀ Mit aktivierter High ISO Rauschreduzierung wird die Weichzeichnung für alle Empfindlichkeiten angewendet, sie zeigt die meiste Wirkung aber bei Fotos, die mit hohen ISO-Werten aufgenommen wurden. Der Ausschnitt zeigt das Ergebnis der Einstellung Standard.

◀ Die beste Bildqualität liefert die Multi-Shot-Rauschreduzierung.

▶ *Für die Multi-Shot-Rauschreduzierung nimmt die EOS M vier Aufnahmen in einer kurzen Serie auf und kombiniert diese zu einem einzigen JPEG-Bild.*

Noch wirksamer als die Rauschreduzierung in der höchsten Stufe arbeitet die Multi-Shot-Rauschreduzierung, die Sie bei Motiven ohne viel Bewegung ruhig einmal ausprobieren sollten. Die EOS M nimmt dann eine Reihenaufnahme mit vier Bildern auf und verrechnet die Einzelaufnahmen miteinander, um die fehlerhaften Pixel möglichst effektiv zu minimieren.

Rauschreduzierung bei Langzeitbelichtung

Bei aktivierter Rauschreduzierung bei Langzeitbelichtung nimmt die Kamera nach der eigentlichen Aufnahme ein Dunkelbild mit derselben langen Belichtungszeit auf (d. h., sie „fotografiert" bei geschlossenem Verschluss). Anschließend vergleicht die Kameraelektronik das eigentliche Foto mit dem Referenzbild und rechnet das Sensorrauschen heraus. Diese Rauschreduzierung geht nicht zu Lasten der feinen Bilddetails. Durch die Aufnahme des Dunkelbilds verdoppelt sich allerdings die Aufnahmezeit.

▶ *In der Einstellung Auto wird bei allen Aufnahmen mit einer Belichtungszeit von über einer Sekunde ein Dunkelbild nach der eigentlichen Aufnahme aufgenommen, um das Bildrauschen zu reduzieren.*

RAUSCHREDUZIERUNG

Am sinnvollsten ist hier die Option *Auto*. So werden die Dunkelbildaufnahme und anschließende Rauschreduzierung automatisch ausgeführt, wenn Sie Fotos mit einer längeren Belichtungszeit als einer Sekunde aufnehmen. Ausschalten sollten Sie die Funktion dagegen, wenn Sie zusätzlich zur langen Belichtungszeit auch mit einer hohen ISO-Einstellung fotografieren möchten – hier würde der Dunkelbildabzug das Rauschen eher verstärken.

⬆ *Bei Nachtaufnahmen mit Stativ können Sie einen niedrigen ISO-Wert einstellen, da dann die lange Belichtungszeit ja kein Problem ist. Für die bestmögliche Bildqualität sollten Sie aber daran denken, die Rauschreduzierung bei Langzeitbelichtung im Kameramenü zu aktivieren. 44 mm, f8, 10 Sek., ISO 100*

Sensorreinigung

Da die EOS M mit Wechselobjektiven ausgestattet ist, finden auch Staub und andere Schmutzpartikel den Weg auf den Sensor – das lässt sich leider nicht ganz vermeiden. Hat sich Dreck auf dem Sensor abgelagert, so führt dies in den Fotos zu dunklen, diffusen Flecken, die besonders in homogenen Motivbereichen (z. B. dem blauen Himmel) und bei kleinen Blendenöffnungen (d. h. hohen Blendenzahlen, z. B. f/22) stören.

Wie auch alle modernen DSLRs bietet die EOS M daher eine automatische Sensorreinigung, bei der der Tiefpassfilter (der vor dem Bildsensor angebracht und der eigentliche Ort ist, an dem sich der Staub ansammelt) in schnelle Schwingungen versetzt wird, um den Staub abzuschütteln. In der Grundeinstellung wird die Sensorreinigung bei jedem Ein- und Ausschalten der Kamera durchgeführt.

▶ *Bei Bedarf können Sie die Sensorreinigung jederzeit von Hand über das Kameramenü starten.*

1 Rufen Sie im Kameramenü die Option *Sensorreinigung* auf. Sie finden Sie auf der dritten Registerkarte des gelben *Einstellungen*-Menüs.

▶ *Auf dem Bildschirm Sensorreinigung können Sie die automatische Reinigung beim Ein- und Ausschalten der Kamera (de-)aktivieren und sofort starten.*

2 Wählen Sie den Menüpunkt *Jetzt reinigen*.

◧ *Im Anschluss ist das Verschlussgeräusch zu hören, es wird aber keine Aufnahme gemacht, und auf dem Bildschirm wird das Symbol für die Sensorreinigung angezeigt.*

Den besten Reinigungseffekt erzielen Sie, wenn die EOS M während der Sensorreinigung hochkant auf einer ebenen Fläche, z. B. einer Tischplatte, aufliegt.

Die automatische Sensorreinigung führt in vielen, aber leider nicht in allen Fällen zum Erfolg. Sollte auch die wiederholte automatische Sensorreinigung nicht zu einer Verbesserung führen, können Sie den Sensor auch manuell reinigen:

1 Schalten Sie die Kamera über den ON/OFF -Hauptschalter ab.

2 Entfernen Sie das Objektiv.

3 Der Sensor ist nun frei zugänglich, und Sie können ihn vorsichtig (!) reinigen. Gehen Sie dabei aber sehr behutsam vor, denn die Oberfläche ist sehr empfindlich. Verwenden Sie nur einen Blasebalg und berühren Sie die Oberfläche des Bildsensors nicht. Schon ein Pinsel kann den Sensor verkratzen!

4 Montieren Sie das Objektiv wieder an der Kamera.

5 Schalten Sie die Kamera ein, um mit dem Fotografieren beginnen zu können.

Fotografieren mit Blitzlicht

Die Leitzahl (LZ) ist eine Leistungsangabe für Blitzgeräte. Die Leitzahl geteilt durch die Blendenzahl ergibt die Reichweite in Metern (bei einer ISO-Einstellung von 100).

Die EOS M verfügt zwar nicht über einen integrierten Blitz, dafür gehört das neue Blitzgerät Speedlite 90 EX zum Lieferumfang. Es ist kompakt, wiegt ohne Batterien gerade einmal 50 g und bietet mit einer Leitzahl von 9 (bei 24 mm) ausreichend Leistung, um z. B. auf einer Party zu fotografieren oder ein Gegenlichtporträt aufzuhellen.

⬆ Mit dem mitgelieferten Speedlite 90 EX gelingen auch Fotos in dunklen Innenräumen und allen anderen Situationen, in denen das verfügbare Licht knapp wird.

Vollautomatische Blitzlichtaufnahmen

Am einfachsten – und ohne dass Sie sich weiter um die Einstellungen kümmern müssen – gelingen vollautomatische Blitzlichtaufnahmen. Sie sind möglich in der *Automatischen Motiverkennung* und bei den Motivbereich-Modi *Porträt*, *Nahaufnahme* und *Nachtporträt*.

FOTOGRAFIEREN MIT BLITZLICHT

◘ *Für den Betrieb des Speedlite 90 EX benötigen Sie zwei Microbatterien oder Akkus vom Typ AAA.*

1 Legen Sie zwei AAA-Microbatterien in das Speedlite 90 EX ein. Beachten Sie die richtige Polung der +- und --Kontakte, so wie sie die Abbildung im Inneren des Batteriefachs vorgibt.

◘ *Fixieren Sie das Speedlite 90EX nach dem Ansetzen an die EOS M.*

2 Schieben Sie das Blitzgerät in den Zubehörschuh auf der Kameraoberseite und schalten Sie es an. Die Kontrollleuchte beginnt grün zu blinken, und wenn Sie genau hinhören, vernehmen Sie einen leisen, sehr hohen Ton, der durch die Aufladung des Kondensators entsteht.

3 Warten Sie ab, bis die Blitzbereitschaftsanzeige rot leuchtet.

ERWEITERTE FUNKTIONEN

➜ In der Vollautomatik wird der Blitz bei Bedarf automatisch zugeschaltet.

Probleme bereitet das Speedlite 90 EX im Zusammenspiel mit dem EF-EOS M-Objektivadapter. Da er das Blitzlicht zum Teil verdeckt, entstehen Schatten im unteren Bildbereich.

4 Drücken Sie den Auslöser halb durch, um den Belichtungsmesser sowie den Autofokus zu aktivieren. Der Blitzeinsatz wird auf dem Kameramonitor oberhalb der Blendenzahl durch ein Blitzsymbol signalisiert.

5 Sie brauchen sich um nichts weiter zu kümmern und müssen nur den Auslöser komplett durchdrücken, um das Foto aufzunehmen. Die EOS M nimmt alle erforderlichen Einstellungen automatisch vor und löst bei Bedarf den Blitz aus.

⬆ Ein Blitz hilft nicht nur, wenn das Licht in Gebäuden knapp wird. Im Freien eignet sich das Speedlite 90 EX hervorragend zum Aufhellen des Vordergrunds. 55 mm, f/8, 1/60 Sek., ISO 100

FOTOGRAFIEREN MIT BLITZLICHT

Einstellen der Blitzfunktionen in den Kreativ-Programmen

Vollautomatische Blitzaufnahmen führen in vielen Fällen ohne großen Aufwand zu einem guten Ergebnis. Wenn Sie Ihrer Kreativität aber freien Lauf lassen und einen Einfluss auf die Wirkung des Blitzlichts nehmen wollen, stoßen Sie schnell an die Grenzen der Vollautomatik.

In den Kreativ-Programmen (*P*, *Av*, *Tv* und *M*) bietet die EOS M mit dem Bildschirm *Steuerung externes Speedlite* die Möglichkeit, alle Blitzfunktionen des angesetzten Speedlite komfortabel und bequem über das Kameramenü zu steuern.

Die folgenden Bildschirmabbildungen zeigen das Menü bei Verwendung des Speedlite 90 EX. Wenn Sie ein anderes kompatibles Speedlite aus der Canon EX-Serie verwenden, kann das Menü unter Umständen anders aussehen.

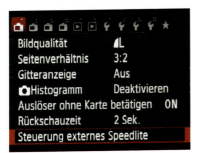

◘ *Das Menü zum Einstellen der Blitzfunktionen finden Sie auf der ersten Registerkarte des Aufnahme-Menüs.*

1 Öffnen Sie das Kameramenü und wählen Sie den Eintrag *Steuerung externes Speedlite*.

◘ *Der Steuerungsbildschirm für das Blitzgerät enthält fünf Einträge.*

Das Blitzeinstellungsmenü bietet die folgenden Optionen:

- *Blitzzündung:* Die Standardeinstellung lautet *Aktiv*, denn in der Regel wollen Sie den Blitz ja auch nutzen, wenn Sie ihn auf die Kamera setzen. Mit der Option *Unterdrückt* wird der Blitz nicht gezündet.

161

- *E-TTL II Mess.:* Diese Option eröffnet die Wahl zwischen Mehrfeldmessung und Integralmessung bei der Blitzbelichtungsmessung. Standardmäßig wird die Mehrfeldmessung verwendet. Die Unterschiede, Vor- und Nachteile der beiden Methoden zur Blitzbelichtungsmessung sind dieselben wie bei der Dauerlichtmessung (siehe *Kapitel 2* ab *Seite 73*).

- *Blitzsynchronzeit bei Av:* Legt die Belichtungszeit bei der Blitzfotografie in der Zeitautomatik (*Av*) fest. Mit der Option *Auto* stellt die Kamera die Belichtungszeit entsprechend der Umgebungshelligkeit auf einen Wert zwischen 1/200 Sek. und 30 Sek. ein. Mit der Einstellung *1/200 – 1/60 Sek.* verhindern Sie lange Belichtungszeiten, die sich aus der Hand nicht unverwackelt halten lassen. Bei schwachem Licht führt dies aber zu einem sehr dunklen Hintergrund. Als letzte Variante können Sie die Verschlusszeit beim Blitzeinsatz fest auf 1/200 Sek. einstellen.

- *Blitzfunktion Einstellungen:* Dieser Menüeintrag öffnet einen Bildschirm mit einer ganzen Reihe von Einstellungsmöglichkeiten für grundlegende Blitzfunktionen, wie z. B. die Synchronisation auf den 1. oder 2. Verschlussvorhang oder die drahtlose Blitzsteuerung. Die Einträge variieren dabei je nach Blitzmodus und Ausstattung des verwendeten Speedlite.

Die angezeigten Blitzfunktionen hängen vom verwendeten Speedlite-Modell ab.

1 *Leuchtwinkel bei Blitzgeräten mit Zoomreflektor*
2 *Blitzmodus*
3 *Drahtlosfunktion*
4 *Verschluss-Synchronisation*
5 *Blitzbelichtungskorrektur*

FOTOGRAFIEREN MIT BLITZLICHT

Synchronisation auf den 1. oder 2. Verschlussvorhang
In der Standardeinstellung erfolgt die Synchronisation auf den ersten Verschlussvorhang, d. h., der Blitz zündet, sobald der Verschluss komplett geöffnet ist.
Wollen Sie das Blitzlicht aber mit einer langen Belichtungszeit kombinieren, z. B. um ein Porträt vor der beleuchteten Silhouette einer nächtlichen Stadtlandschaft aufzunehmen, liefert die Synchronisation auf den zweiten Verschlussvorhang das bessere Resultat, denn dann wird der Blitz erst am Ende der Belichtungszeit ausgelöst.

- *Blitz C.Fn Einstellungen:* Hier erreichen Sie die individuellen Blitzfunktionen, die das jeweilige Speedlite bietet. Weitere Informationen dazu finden Sie in der Bedienungsanleitung Ihres Blitzgeräts.

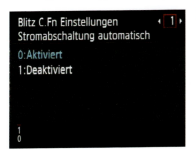

◄ *Das Speedlite 90 EX bietet nur eine Individualfunktion, mit der Sie festlegen, ob es sich nach fünfminütiger Nichtnutzung automatisch abschalten soll oder nicht.*

Die Blitzleistung gezielt dosieren

Mit einer Blitzbelichtungskorrektur können Sie schnell und einfach die Blitzstärke und damit den Anteil des Blitzlichts an der Gesamtbelichtung variieren – z. B. wenn Sie sehr nah am Motiv sind und die automatische Belichtungsmessung zu einem überstrahlten Vordergrund führt oder wenn Sie das Motiv nur ein wenig aufhellen möchten. Sie können die Blitzleistung sehr einfach in Drittelstufen von +-2 Stufen dosieren:

◄ *Neben dem Info.-Schnelleinstellungsbildschirm bietet auch der Q/SET-Einstellungsbildschirm oder die Menüfunktion Steuerung externes Speedlite auf der ersten Registerkarte des roten Aufnahme-Menüs die Möglichkeit zur Eingabe einer Blitzbelichtungskorrektur.*

163

1 Rufen Sie mit der `Info.`-Taste den Schnelleinstellungsbildschirm auf.

2 Tippen Sie auf die Einstellung für die Blitzbelichtungskorrektur, die Sie rechts neben der Lichtwertskala finden.

➡ *Sie können den Skalenwert auch direkt durch Ziehen mit einem Finger auf dem Touchscreen ändern.*

3 Stellen Sie den gewünschten Korrekturwert durch Drehen oder Drücken des Wᴀʜʟʀᴀᴅs ein:

Wählen Sie einen höheren Wert, um die Blitzleistung zu steigern.

Stellen Sie einen kleineren Wert ein, um den Blitz abzudunkeln.

4 Nehmen Sie das Foto auf und kontrollieren Sie das Ergebnis auf dem Kameramonitor. Sind Sie mit dem Foto zufrieden, so vergessen Sie nicht, den Wert für die Blitzkorrektur wie in Schritt 3 beschrieben auf 0 zurückzustellen!

Blitzen wie die Profis: drahtlose Blitzsteuerung

Dank seiner kompakten Abmessungen und seines geringen Gewichts ist das Speedlite 90 EX eine gute Ergänzung zur EOS M und erweitert die Fotomöglichkeiten bei schlechten Lichtbedingungen beträchtlich. Trotzdem ist ein direkt auf die Kamera montierter Blitz immer nur eine Notlösung. Das Blitzlicht fällt frontal auf das Motiv, und die kleine Leuchtfläche erzeugt extrem harte Schatten.

FOTOGRAFIEREN MIT BLITZLICHT

Wenn Sie ein weiteres Speedlite-Blitzgerät aus Canons EX-Modellreihe besitzen, das über eine sogenannte Slave-Funktion verfügt (z. B. das Speedlite 270 EX II), können Sie das Speedlite 90 EX für die drahtlose Blitzsteuerung nutzen, und es eröffnen sich völlig neue Gestaltungsmöglichkeiten. So lässt sich z. b. eine Slave-Einheit als „entfesselter" Blitz frei im Raum positionieren, und Sie können so die Lichtrichtung ganz gezielt bestimmen. Wenn Sie möchten, können Sie mit dem Speedlite 90 EX als Masterblitz bis zu drei Gruppen von externen Blitzgeräten ansteuern und damit dann (fast) wie in einem Profifotostudio arbeiten.

Bei drahtlosen Blitzaufnahmen arbeitet das 90 EX nicht als Blitz, sondern übernimmt die Steuerung der Slave-Einheit(en).

⬆ Um das Speedlite 90 EX als Master für die Ansteuerung weiterer Speedlite-Blitzgeräte zu konfigurieren, müssen Sie die E-TTL II-Messung und die drahtlose Steuerung aktivieren.

⬆ Auf dem Bildschirm Drahtlosfunktionen wechseln Sie zwischen normalen Blitzaufnahmen und der drahtlosen Steuerung von zusätzlichen Blitzgeräten. Denken Sie daran, die Drahtloseinstellung abzuschalten, wenn Sie das Speedlite 90 EX als Blitz nutzen wollen.

⬆ Die weiteren Blitze im Verbund müssen als Slaves konfiguriert sein und werden dann mit ausgelöst, sobald Sie das Steuersignal vom Speedlite 90 EX empfangen.

165

Erweiterte Funktionen

➡ Sobald Sie die Drahtlosfunktion eingeschaltet haben, bietet das Menü Blitzfunktion Einstellungen weitere Optionen.

1 Einstellen des Blitzverhältnisses
2 Übertragungskanal
3 Auswahl der Blitzgruppen

> Der Kommunikationskanal muss an Master- und Slave-Einheit gleich eingestellt sein. Er soll lediglich verhindern, dass sich mehrere Canon-Fotografen in einem Raum in die Quere kommen.

Die EOS M ermittelt nun per E-TTL II-Messung die erforderliche Lichtmenge und stimmt die Leistung aller beteiligten Blitzgeräte aufeinander ab, sodass sich eine ausgewogene Belichtung ergibt.

Die verwendeten Blitzgeräte können zusätzlich auf bis zu drei separat anzusteuernde Blitzkanäle (A, B und C) eingestellt werden. Die Blitzleistung dieser Blitzgruppen lässt sich individuell festlegen, sodass sogar aufwendige Studioaufbauten mit Haupt-, Hintergrund- und Haarlicht möglich werden.

Die Kommunikation zwischen Master und Slave(s) erfolgt über infrarote Lichtsignale und funktioniert in Innenräumen meist sehr gut, oft sogar um Ecken oder Vorsprünge herum, was z. B. die Ausleuchtung eines größeren Raums mit mehreren Blitzen ermöglicht.

Die Reichweite der optischen Fernauslösung ist allerdings beschränkt, und vor allem bei starker Sonneneinstrahlung im Freien kommt das System an seine Grenzen, da das Umgebungslicht die Steuerimpulse zu stark überlagert.

FOTOGRAFIEREN MIT BLITZLICHT

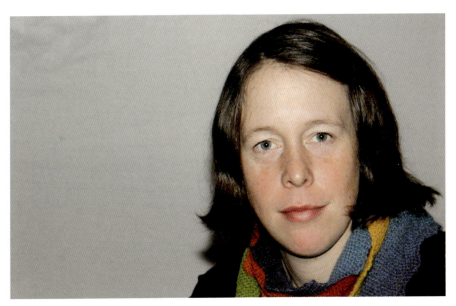

⬆ *Direkt von vorne geblitzte Porträtaufnahmen wirken in den meisten Fällen wenig schmeichelhaft. 55 mm, f/5,6 , 1/60 Sek., ISO 800, Aufnahme mit Speedlite 90 EX als einzigem Blitz und direkt auf der Kamera montiert*

⬆ *Durch die drahtlose Blitzsteuerung können Sie das Licht ganz gezielt setzen. Für dieses Porträt stellte ich ein Canon Speedlite 270 EX II seitlich vom Modell auf, montierte es für eine weichere Ausleuchtung in eine Softbox und konfigurierte es als Slave. Das Speedlite 90 EX diente in diesem Fall lediglich als Auslöser für den entfesselten Blitz. 55 mm, f/5,6 , 1/60 Sek., ISO 800*

My Menu: die EOS M individualisieren

Die Funktion *My Menu* versammelt bis zu sechs häufig von Ihnen genutzte Funktionen für den Schnellzugriff auf einem Bildschirm, die Sie ansonsten weit in den Tiefen des Kameramenüs suchen müssten.

Welche Einstellungen Sie dabei wählen, hängt selbstverständlich von Ihren persönlichen Ansprüchen ab. Wenn Sie häufig Makros fotografieren, werden Sie es bald zu schätzen wissen, im My Menu direkt auf die manuelle Fokussierung umschalten zu können. Fotografieren Sie dagegen häufiger im Theater oder auf Hochzeiten, können Sie so bequem die akustischen Signale stumm schalten, und wenn Sie häufig das Speedlite 90 EX nutzen, können Sie die Funktion zur Blitzsteuerung in das persönliche Menü aufnehmen.

◘ *Hier sehen Sie die Elemente in meinem My Menu, das sich im Laufe der Arbeit mit der EOS M entwickelt hat. Da die Zusammenstellung der Menüeinträge sehr einfach ist, lässt sich das persönliche Menü flexibel auf veränderte Ansprüche anpassen.*

So stellen Sie ein persönliches My Menü zusammen:

1 Wechseln Sie im Kameramenü zum grünen *My Menu*.

◘ *Beim ersten Aufruf sind noch keine Einträge vorhanden.*

My Menu: DIE EOS M INDIVIDUALISIEREN

2 Zu Beginn ist das Menü noch leer, und der einzige Eintrag lautet *My Menu Einstellungen*. Drücken Sie die Q/SET -Taste, um den *Einstellungen*-Bildschirm aufzurufen.

◀ *Beginnen Sie damit, das persönliche Menü mit den Wunschfunktionen zu füllen.*

3 Markieren Sie den Menüpunkt *Registrieren zu My Menu* und bestätigen Sie mit der Q/SET -Taste.

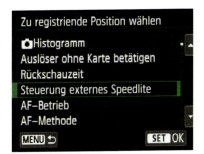

◀ *Wählen Sie aus der umfangreichen Liste die gewünschten Menüeinträge.*

4 Scrollen Sie mit ↑ / ↓ -Wahlrad durch die angezeigten Menüpunkte, bis die gewünschte Funktion grün unterlegt ist, und registrieren Sie sie mit einem weiteren Druck auf die Q/SET -Taste.

◀ *Übernehmen Sie die ausgewählte Funktion in Ihr persönliches My Menu.*

Bei aktivierter *Anzeigen aus My Menu*-Option wird das My Menü immer zuerst eingeblendet, wenn Sie das Kameramenü der EOS M mit der MENU -Taste aufrufen.

5 Bestätigen Sie die Registrierung und schließen Sie den folgenden Dialog mit *OK*.

6 Wiederholen Sie die Schritte 4 und 5, um das persönliche Menü um weitere Einträge zu ergänzen. Schon registrierte Funktionen werden in der Auswahlliste grau dargestellt.

➡ *Sie können maximal sechs Elemente speichern.*

➡ *Auf dem Bildschirm My Menü Einstellungen können Sie einzelne, ausgewählte oder alle Einträge Ihres individuellen Menüs löschen. Wählen Sie Sortieren, um die Reihenfolge der Menüeinträge zu ändern, ...*

➡ *... markieren Sie dann den gewünschten Eintrag und wählen Sie ihn mit der* Q/SET *-Taste aus. Nun können Sie den Posten durch Drücken von* ↑ / ↓ *-WAHLRAD an die gewünschte Stelle verschieben und die Änderung mit der* Q/SET *-Taste übernehmen.*

6

Kapitel 6
Praxistipps für bessere Fotos

Ob fremde Städte, atemberaubende Naturlandschaften oder eindrucksvolle Nahaufnahmen – Motive gibt es mehr als genug. In diesem Kapitel finden Sie „Rezepte" für gute Fotos. Dabei geht es nicht nur um die Technik, auch Fragen der Bildgestaltung spielen eine wichtige Rolle.

Landschaften

Ob lichtdurchfluteter Wald, traumhafter Südseestrand oder schroffes Gebirge – die vielfältigen Landschaftsformen rund um den Globus sind ein beliebtes Fotomotiv. Aber eine Traumlandschaft macht noch lange kein Traumfoto.

⬆ Mit dem Sonnenuntergang sind die Fotomöglichkeiten noch lange nicht erschöpft. Ganz im Gegenteil: Die „blaue Stunde" zwischen Sonnenuntergang und Nacht bietet eine faszinierende Lichtstimmung für Landschaftsaufnahmen und das Fotografieren in der Stadt. Durch die lange Belichtungszeit verwischen die Wellen auf der Wasseroberfläche zu einem seidigen Glanz. 19 mm, f/8, 0,6 Sek., ISO 100

Neben der Wahl eines geeigneten Aufnahmestandorts entscheidet vor allem der Zeitpunkt über den Erfolg oder Misserfolg eines Landschaftsfotos, denn das Licht ist jeweils nur für einen kurzen Zeitraum am Morgen sowie am Abend optimal.

Landschaften begeistern in den meisten Fällen vor allem durch ihre Weite, und um diese einzufangen, benötigen Sie ein Weitwinkelobjektiv mit kurzer Brennweite. Achten Sie dann bei der Bildgestaltung vor allem auf einen abwechslungsreichen Vordergrund, um die Weite der Landschaft auch im zweidimensionalen Foto sichtbar zu machen. Um eine durchgehende Schärfe vom Vorder- bis zum Hintergrund zu erreichen, müssen Sie mit kleiner Blendenöffnung fotografieren ((d. h. eine große Blendenzahl einstellen).

Eine Frage, die Sie sich bei fast jeder Landschaftsaufnahme stellen sollten, ist die nach der Bildaufteilung durch den Horizont. Sie können ihn oben, unten oder mittig in das Bild platzieren, je nachdem, welche Bildaussage Sie beabsichtigen. Ein mittig angeordneter Horizont strahlt besondere Ruhe aus. Spannender wirkt das Bild, wenn Sie den Horizont nach oben oder unten aus der Mitte rücken und so entweder die Weite des Himmels oder der Landschaft betonen.

Für welche Position des Horizonts Sie sich auch immer entscheiden: Achten Sie unbedingt darauf, dass er absolut waagerecht verläuft. Selbst ein nur leicht gekippter Horizont reicht aus, um eine ansonsten schön gestaltete Landschaftsaufnahme zu ruinieren.

◁ *Im Aufnahme-Menü können Sie Gitterlinien auf dem Kameramonitor einblenden, die Sie bei der Ausrichtung des Horizonts (und aller anderen Linien im Bild) unterstützen.*

Kameraeinstellungen für Landschaftsaufnahmen

Belichtungsmessung: Mehrfeldmessung

Betriebsart: Einzelbild

Belichtungssteuerung: Zeitautomatik (Av)

Blendenöffnung: f/8 bis f/16

ISO-Empfindlichkeit: ISO 100

AF-Betriebsart: One-Shot AF

AF-Methode: FlexiZone-Single

Brennweite: 18 – 22 mm

Wenn Sie den Sonnenuntergang aus der Hand und mit dem EF-M 18-55mm 3,5-5,6 IS STM fotografieren, sollten Sie sicherstellen, dass der Bildstabilisator eingeschaltet ist, um Verwackelungen bei längeren Belichtungszeiten zu vermeiden.

⬆ Oft als Klischee belächelt, dennoch gerne fotografiert: Es gibt wohl nur wenige Fotografen, die bei einem malerischen Sonnenuntergang nicht auf den Auslöser drücken. 55 mm, f/8, 1/320 Sek., ISO 100

Um die unter- oder aufgehende Sonne formatfüllend abzulichten, brauchen Sie ein richtig langes Teleobjektiv, wie Sie es von den Sportfotografen am Spielfeldrand aus der Sportschau kennen. Wie im Bild oben zu sehen, gelingen stimmungsvolle Sonnenuntergangsbilder aber auch mit kürzeren Brennweiten, die Sonne selbst wird dann allerdings nur relativ klein abgebildet.

Sonnenaufgang und -untergang sind schnell vorbei. Ermitteln Sie daher am besten schon vorab mithilfe einer Landkarte die optimale Ausrichtung der Kamera für das spätere Foto.

Stellen Sie den Weißabgleich auf Tageslicht, um die schöne rot-gelbe Farbstimmung zu erhalten, der automatische Weißabgleich würde ansonsten mit einer niedrigeren Farbtemperatur die Bildstimmung kaputt machen.

Kameraeinstellungen für stimmungsvolle Sonnenuntergänge

Belichtungsmessung: Mehrfeldmessung oder mittenbetonte Messung

Betriebsart: Einzelbild

Belichtungssteuerung: Zeitautomatik (Av)

Blendenöffnung: f/8

ISO-Empfindlichkeit: möglichst niedrig, wenn Sie kein Stativ zur Hand haben, wählen Sie den ISO-Wert gerade so hoch, dass Sie das Bild bei der gewählten Brennweite nicht verwackeln.

AF-Betriebsart: One-Shot AF

AF-Methode: FlexiZone-Single

Brennweite: etwa 20 mm für Übersichtsaufnahmen, ab 150 mm aufwärts bekommen Sie einen großen Sonnenball aufs Bild.

Panoramaaufnahmen

Panoramaaufnahmen eignen sich perfekt, um eine grandiose Landschaft in epischer Breite zu zeigen. Die EOS M besitzt zwar keine spezielle Panoramafunktion, bringt aber alle Voraussetzungen mit, um perfekte Einzelaufnahmen zu fotografieren, die Sie leicht zu Hause am Computer zu einem Panorama zusammenfügen können. Sehr gute Ergebnisse liefert z. B. die Photomerge-Panoramafunktion der Bildbearbeitungssoftware Photoshop Elements.

Auf der DVD, die der EOS M beiliegt, finden Sie das Programm PhotoStitch zum Erstellen von Panoramen. Wie das genau funktioniert, lesen Sie in *Kapitel 11* ab *Seite 290*.

Praxistipps für bessere Fotos

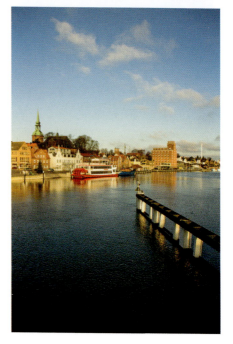

PANORAMAAUFNAHMEN

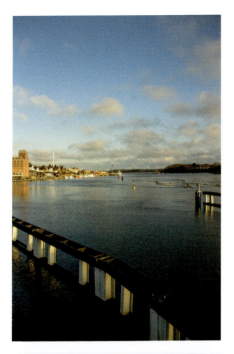

⬅ Ein Stativ ist zwar hilfreich, aber kein Muss für die Panoramafotografie. Diese Einzelaufnahmen wurden aus der Hand fotografiert und lassen sich nahtlos zu einem Panorama zusammenfügen, wie Sie am Ende dieses Abschnitts sehen können. Die Aufnahmedaten sind für alle Bilder der Serie gleich: 30 mm, f/8, 1/400 Sek., ISO 100

Die Montage der Einzelfotos mit einem Programm wie Photoshop Elements oder PhotoStitch erfolgt umso problemloser, je sauberer Sie die Einzelaufnahmen fotografieren. Am besten gelingen die Ausgangsfotos natürlich, wenn Sie die Kamera auf einem speziellen Panoramakopf montieren, der auf einem stabilen Stativ sitzt. Mein Beispiel zeigt, dass mit etwas Übung aber auch freihändig fotografierte Panoramen gelingen. Ein paar Dinge sollten Sie aber beachten:

- Schalten Sie den automatischen Weißabgleich ab und wählen Sie eine Voreinstellung, z. B. für *Tageslicht*, um Farbsprünge zwischen den einzelnen Aufnahmen zu vermeiden.

- Um Helligkeits- und Fokusschwankungen zu vermeiden, müssen alle Bilder mit den gleichen Belichtungseinstellungen und der gleichen Entfernungseinstellung aufgenommen werden. Schalten Sie daher die Belichtungsautomatik und den Autofokus ab und nutzen Sie den manuellen Modus, um Belichtungszeit, Blende und die Entfernung einzustellen. Behalten Sie diese Einstellungen während der gesamten Aufnahmeserie unverändert bei.

⬇ *Vor und nach der ersten Aufnahme einer Panoramaserie halte ich immer meine Hand ins Bild – so lassen sich die zusammengehörigen Bilder später am Computer leichter identifizieren.*

- Verwenden Sie nach Möglichkeit keine extrem kurze Brennweite, um Verzerrungen am Bildrand zu vermeiden, die das Zusammenfügen der Einzelbilder erschweren würde. Stellen Sie besser eine Brennweite von 30 mm aufwärts ein und nehmen Sie einfach entsprechend mehr Einzelaufnahmen auf.

- Fotografieren Sie im Hochformat, um die höchstmögliche Auflösung für das fertige Panorama zu erzielen.
- Achten Sie beim Verschwenken der Kamera darauf, dass die Horizontlinie auf allen Einzelfotos auf gleicher Höhe verläuft, und fotografieren Sie die Einzelbilder mit ausreichender Überlappung. Sehr hilfreich ist hier wieder die Gitteranzeige im Monitor, die Sie bei Bedarf auf der ersten Registerkarte des roten *Aufnahme*-Menüs einblenden können.

Kameraeinstellungen für die Einzelaufnahmen als Ausgangsmaterial für ein Panorama

Belichtungsmessung: Mehrfeldmessung

Betriebsart: Einzelbild

Belichtungssteuerung: manuelle Belichtungssteuerung (M)

Blendenöffnung: f/8 – f/16

ISO-Empfindlichkeit: möglichst niedrig, wenn Sie kein Stativ zur Hand haben, wählen Sie den ISO-Wert gerade so hoch, dass Sie das Bild bei der gewählten Brennweite nicht verwackeln.

AF-Betriebsart: Autofokus deaktivieren und das erste Foto manuell scharf stellen

AF-Methode: –

Brennweite: ab 30 mm

⬇ *Das fertige Panorama*

Lichtstimmungen einfangen

Licht ist das A und O in der Fotografie und eine dramatische Lichtstimmung eine der Grundzutaten für ein gelungenes Foto. Da ist zum einen die Lichtrichtung: Kommt das Licht von oben, von hinten, von links oder von rechts? Ein dramatischer seitlicher Lichteinfall kann selbst aus unscheinbaren Motiven eine spektakuläre Aufnahme machen. Umgekehrt lässt sich auch das anmutigste Motiv nicht ausdrucksstark im Bild festhalten, wenn die Sonne hoch am Himmel steht und für kurze Schatten und harte Kontraste sorgt.

Damit wären wir beim zweiten entscheidenden Faktor, denn zusätzlich zur Lichtrichtung ist die Lichtqualität entscheidend:

> Hartes gerichtetes Licht erzeugt starke Schatten, diffus gestreutes Licht ergibt eine gleichmäßige, schattenfreie Ausleuchtung.

- **Frontales Licht:** Mit der Lichtquelle im Rücken bekommen Sie ein klares und farbenreiches Bild. Die Schatten liegen allerdings direkt hinter dem Motiv, daher wirkt das Foto flach und oft nicht besonders spannend.
- **Streiflicht:** Licht von der Seite sorgt für dramatische Fotos. Das Motiv wird durch den intensiven Kontrast von Licht und Schatten modelliert, Formen, Strukturen und Oberflächen werden herausgearbeitet. Das zweidimensionale Foto erscheint plastisch.
- **Gegenlicht:** Gegenlicht erzeugt grafisch wirkende, scherenschnittartige Motive. Menschen oder andere Objekte, die Sie im Gegenlicht fotografieren, erscheinen als schwarze Silhouetten, die von einem Lichtkranz gesäumt werden. Gegenlicht eignet sich besonders für effektvolle und spannende Fotos mit Atmosphäre.
- **Diffuse Beleuchtung:** Bei leicht bedecktem Himmel wird das Sonnenlicht diffus von den Wolken gestreut. Dieses indirekte Licht wirkt weicher als direktes Sonnenlicht, und die Fotos erscheinen in gedeckten Farben bei geringeren Kontrasten. Die nahezu schattenfreie Beleuchtung ist ideal für Porträt-, Detail- und Makroaufnahmen.

LICHTSTIMMUNGEN EINFANGEN

⬆ Gegenlicht ist eine der stimmungsvollsten Beleuchtungen und macht selbst aus eher unscheinbaren Motiven einen Hingucker. Die Mehrfeldmessung der EOS M hat Gegenlichtaufnahmen in der Regel gut im Griff. Zur Sicherheit sollten Sie nach der Aufnahme dennoch das Histogramm auf dem Kameramonitor kontrollieren oder zur Sicherheit eine Belichtungsreihe aufnehmen. 55 mm, f/5,6, 1/400 Sek., ISO 100

Kreative Langzeitbelichtungen

Wenn es dunkel wird, ist das noch lange kein Grund, um die EOS M in der Kameratasche zu verstauen. In der Nacht zeigen Städte ihr zweites Gesicht, und selbst bekannte Kirchen, Brücken und andere Sehenswürdigkeiten erstrahlen im wahrsten Sinne des Wortes in völlig neuem Licht. Ein spannendes und kreatives Experimentierfeld für Langzeitbelichtung bieten Jahrmärkte, die über das Jahr verteilt praktisch in jeder größeren deutschen Stadt stattfinden.

⬆ Der Bildsensor der EOS M kann im Gegensatz zum menschlichen Auge das Licht „sammeln". Bei einer langen Belichtungszeit verwischt die Bewegung von Karussells zu farbenfrohen Bildern. 31 mm, f/18, 1,5 Sek., ISO 100

Auf einem Jahrmarkt ist es selbst zu fortgeschrittener Stunde noch ausreichend hell genug, um die Bedienknöpfe der EOS M gut zu finden. Um bei Aufnahmen in sehr dunkler Umgebung die Kameraeinstellungen bequem vornehmen zu können, habe ich aber immer eine kleine Taschenlampe in der Fototasche dabei.

Am einfachsten gelingen Langzeitbelichtungen mit Wischeffekten von bewegten Motiven mit der Blendenautomatik. Stellen Sie dann eine ausreichend lange Belichtungszeit von 1 Sek. oder länger ein und wählen Sie die geringste Empfindlichkeit von ISO 100.

Jetzt brauchen Sie nur noch abzuwarten, bis das Karussell Fahrt aufnimmt, und dann die EOS M mit dem Selbstauslöser oder per Fernbedienung auszulösen. Kontrollieren Sie anschließend das Bild auf dem Kameramonitor. Ist der Wischeffekt zu stark, verkürzen Sie die Belichtungszeit, sind die Leuchtspuren dagegen nicht ausgeprägt genug, wiederholen Sie die Aufnahme mit einer längeren Belichtungszeit.

Kameraeinstellungen für Langzeitbelichtungen

Belichtungsmessung: Mehrfeldmessung

Betriebsart: Einzelbild

Belichtungssteuerung: Blendenautomatik (Tv); für längere Belichtungszeiten als 30 Sek. ist die Bulb-Einstellung erforderlich (bei der EOS M in der manuellen Belichtungssteuerung (M) zu finden).

Belichtungszeit: 1 Sek. oder länger, abhängig von der Bewegungsgeschwindigkeit des Motivs

ISO-Empfindlichkeit: ISO 100

AF-Betriebsart: One-Shot AF

AF-Methode: FlexiZone-Single

Brennweite: abhängig vom Motiv

Eine Frage von Format: hochkant oder quer?

Obwohl meistens eher unterbewusst getroffen, ist die Wahl der Kameraausrichtung bei der Aufnahme ein wichtiges Kriterium bei der Bildgestaltung, denn die Aufnahme im Hoch- oder Querformat kann die gewünschte Bildwirkung unterstützen, abmildern oder sogar ins Gegenteil verkehren.

Die meisten Fotos entstehen im Querformat. Das liegt vor allem daran, dass die Bauweise von Digitalkameras zu dieser Haltung verleitet. Das ist auch nicht weiter schlimm, denn das Querformat entspricht am ehesten unserem natürlichen Seheindruck und sorgt somit für sehr natürlich wirkende, ruhige Fotos. Eine dynamischere, häufig „spannendere" Wirkung erhalten Sie dagegen oft mit einer Aufnahme im Hochformat.

Natürlich wird die Frage „Hoch- oder Querformat?" in erster Linie vom Motiv selbst beantwortet. Hoch aufstrebende vertikale Linien wie bei Wolkenkratzern oder Leuchttürmen, aber auch Blumenblüten fordern geradezu ein Hochformat, während Landschaftsaufnahmen naturgemäß besser zum Querformat passen.

EINE FRAGE VON FORMAT: HOCHKANT ODER QUER?

⬆ *Viele Motive lassen sich sowohl im Hoch- wie auch im Querformat fotografieren. Gewöhnen Sie es sich daher an, nach Möglichkeit beide Varianten aufzunehmen. So bleiben Sie flexibel und halten sich für die spätere Präsentation alle Möglichkeiten offen.*

Oft wichtiger als das große Ganze: Details einfangen

Ob Architektur in der Stadt, Landschaftsaufnahme oder Erinnerungsfoto auf dem Kindergeburtstag – oft ist man versucht, so viel wie möglich auf dem Bild zu zeigen. Oft ist aber gerade das, was Sie nicht im Bild zeigen, genau so entscheidend wie das, was abgebildet wird. Fotografieren Sie eine hundertjährige Eiche in der Totalen, so zeigt das Foto – wenig überraschend – einen bestenfalls knorrigen Baum. Drehen Sie den Zoomring des EF-M 18-55 dagegen auf die längste Brennweite von 55 mm und gehen ganz nahe an den Stamm heran, um einen Ausschnitt der zerfurchten Rinde zu fotografieren, so gelingt Ihnen mit ziemlicher Sicherheit ein echter Hingucker.

⬆ Oft wirkt die Konzentration auf ein besonderes Detail spannender als die Übersichtsaufnahme.
55 mm, f/11, 1/40 Sek., ISO 100

⬆ Halten Sie gezielt Ausschau nach charakteristischen Details wie einer besonders schönen Blüte, einer kunstvollen Schnitzerei im Fachwerk oder einem besonders prächtigen Ornament. Sind Sie fündig geworden, so rücken Sie so nah, wie es geht, an das Motiv heran und versuchen Sie, alles, was vom Hauptmotiv ablenkt, aus dem Bild herauszuhalten. 52 mm, f/13, 1/80 Sek., ISO 100

Farben

Farbe ist ein wichtiges Gestaltungsmittel in der Fotografie, und für das kreative Gestalten mit Farben ergeben sich die vielfältigsten Möglichkeiten. Sie können leuchtende Farben wählen, um durch die Farbe an sich Aufmerksamkeit zu erregen, aber auch Motive, die sich auf zwei oder drei geschickt kombinierte Farben beschränken, können sehr eindrucksvoll wirken. Sie können mit Farbkontrasten von warmen und kalten Farben arbeiten oder auf die Farbigkeit verzichten und unbunte, monochrome Bilder aufnehmen.

Physikalisch betrachtet, entstehen Farben durch Licht unterschiedlicher Wellenlänge. Licht mit längerer Wellenlänge erscheint uns rot, am kürzeren Ende des Spektrums finden wir die blauen Farbtöne.

189

Praxistipps für bessere Fotos

◾ *Dieses Foto bezieht seine Wirkung aus dem Kontrast von Blau und Rot – zwei Farben, die schon für sich allein sehr stark sind. 28 mm, f/8, 1/80 Sek., ISO 100*

Motive mit reinen Farben führen zu lebendigen, plakativen Fotos. Kräftige Farben wirken eindringlich, manchmal auch aufdringlich. Denken Sie nur an die farbschwangeren Postkarten, die mit den natürlichen Farbtönen nur wenig zu haben. Wollen Sie besondere Aufmerksamkeit erwecken, so fotografieren Sie am besten besonders knallige Farbtöne wie Rot, Orange oder Neongelb. Demgegenüber stehen die eher zarten Pastelltöne und sanften Farben: Blassrot, Ocker und Braun.

FARBEN

- **Rot** ist die Signalfarbe schlechthin. Es wirkt lebhaft und aufregend, ist manchmal aggressiv und schreit geradezu nach Aufmerksamkeit. Oft genügt schon eine kleine rote Fläche, um starke Akzente zu setzen.
- **Gelb** ist die Farbe des Lichts und der Sonne. Es wirkt warm, heiter und hell.
- **Blau** ist das Symbol für Himmel und Wasser und wirkt im Gegensatz zu Gelb und Rot eher kalt. Ein helles Blau wirkt oft leicht und beflügelnd. Aufnahmen in der Dämmerung zur „blauen Stunde" wirken oft besonders eindrucksvoll durch den Kontrast zwischen dem blauen Himmel und dem warmen Licht der Kunstlichtbeleuchtung.
- **Grün** ist die Farbe der Natur. Landschafts- und Naturaufnahmen zeigen die unterschiedlichsten Nuancen an Grün und strahlen Ruhe und Geborgenheit aus. Abgesehen vom leuchtenden Textmarkergrün wirken grüne Farbtöne eher zurückhaltend und neutral. Sie sind weder warm noch kalt, weder aktiv noch passiv, weder langweilig noch aufdringlich.

Es muss nicht immer knallbunt sein. Auch monochrome Bilder haben ihren ganz besonderen Charme, wie diese vom ersten Nachtfrost mit Raureif überzogenen Herbstblätter beweisen. 38 mm, f/8, 1/50 Sek., ISO 2500

Perspektive

Meist wird die EOS M wie alle Digitalkameras auf Augenhöhe gehalten. Das ist bequem und führt zu Fotos, die unserem gewohnten Sehen nahe kommen. Das ist zwar nicht grundsätzlich verkehrt, Sie verschenken aber viele Gestaltungsmöglichkeiten, wenn Sie sich ausschließlich auf diese Kameraposition beschränken.

Wählen Sie die Perspektive dagegen mit Bedacht, so erzielen Sie garantiert Aufnahmen, die sich von der üblichen Sichtweise abheben. Oft reicht es schon, in die Knie zu gehen, um eine Froschperspektive zu erhalten, oder einen Kirchturm zu besteigen, um aus der Vogelperspektive zu fotografieren. Je ungewöhnlicher und extremer der Aufnahmestandpunkt, desto interessanter ist es für den Betrachter Ihres Fotos.

⬆ Mit der Wahl einer besonderen Perspektive wird selbst eine Straßenlaterne zu einem ungewöhnlichen Motiv. 18 mm, f/10, 1/160 Sek., ISO 100

Suchen Sie nach außergewöhnlichen Kamerapositionen und probieren Sie immer mehrere Aufnahmestandorte aus. Nehmen Sie für die Froschperspektive einen besonders tiefen Standpunkt ein. Dadurch wirkt alles, was Sie fotografieren, viel eindrucksvoller und größer. Diese Sichtweise funktioniert besonders gut bei kleinen Objekten wie Blumen oder Pilzen. Je näher Sie sich am Objekt befinden, desto stärker wirkt der Effekt.

Der Gegensatz zur Frosch- ist die Vogelperspektive. Durch den erhöhten Kamerastandpunkt wirkt alles klein und zerbrechlich. Diese Perspektive wirkt besonders gut bei Gebäuden und Landschaften. Halten Sie daher bei Stadtspaziergängen immer Ausschau nach Hochhäusern, Türmen oder Aussichtspunkten. Fotografieren Sie schon beim Landeanflug aus dem Flugzeug, so bekommen Sie ein tolles Aufmacherfoto aus der Vogelperspektive für das Urlaubsalbum.

Nahaufnahmen

Tolle Motive für Makrofotos gibt es überall. Draußen finden Sie Blumenwiesen, Spinnennetze mit Tautropfen und Libellen, die über einem Teich umherschwirren. In der Stadt begegnen Ihnen Fassadenverzierungen, Reliefs und blätternder Putz. Fotografieren Sie am liebsten drinnen im Studio, so reicht schon eine Schreibtischlampe oder ein zusätzlicher externer Blitz, den Sie über das Speedlite 90 EX aus dem Lieferumfang der EOS M drahtlos ansteuern können, um selbst alltägliche Gegenstände zu interessanten Kompositionen zu arrangieren.

Für die ersten Schritte in der Nah- und Makrofotografie sind Blumen sehr gut geeignet. Die Blüten sind von Natur aus schön und lassen sich leicht arrangieren. Im Studio müssen Sie im Gegensatz zu Außenaufnahmen auch keine Verwacklungsunschärfe durch den Wind befürchten.

Für die bequeme Gestaltung des besten Bildausschnitts montieren Sie die Kamera am besten auf ein Stativ. Außerdem vermeiden Sie so Verwacklungsunschärfe.

Die Makrofotografie in Wald, Feld und Wiesen ist keine reine Schönwetterangelegenheit. Die Farben von Blättern, ob nun frischgrün im Frühjahr am Baum oder gelbbraun verdorrt im Herbst auf dem Waldboden, wirken zwar bei Sonnenschein am intensivsten, es gibt aber mindestens ebenso vielfältige Motive für Regenwetter. Achten Sie dann auf Spiegelungen oder fotografieren Sie die Wassertropfen selbst.

Ein letzter Tipp für Nahaufnahmen von kleinen Tieren: Fotografieren Sie sie nicht von oben herab, sondern stets auf Augenhöhe – die Fotos wirken so um einiges eindrucksvoller.

⬆ *Bei diesem Blatt im Gegenlicht habe ich die Belichtung so gewählt, dass die hellen Bildstellen gerade noch Zeichnung aufweisen. 55 mm, f/8, 1/80 Sek., ISO 160*

NAHAUFNAHMEN

Kameraeinstellungen für Nahaufnahmen

Belichtungsmessung: Mehrfeldmessung
Betriebsart: Einzelbild
Belichtungssteuerung: Zeitautomatik (Av)
Blendenöffnung: f/5,6 bis f/11
ISO-Empfindlichkeit: gerade so hoch, dass Sie die Kamera nicht verwackeln
AF-Betriebsart: One-Shot AF
AF-Methode: FlexiZone-Single
Brennweite: 55 mm oder länger

7

Kapitel 7
Praktisches Zubehör

Zum Start der neuen spiegellosen Systemkamera hat Canon zwei passende und besonders kompakte EF-M-Objektive vorgestellt. Gleichzeitig fügt sich die neue Kamera nahtlos in das umfangreiche EOS-Zubehörangebot ein. So speichert zum Beispiel der GPS-Empfänger GP-E2 automatisch die Aufnahmeposition in den Fotos und der Objektivadapter EF-EOS M macht die breite Objektivpalette der Canon DSLRs auch für die EOS M verfügbar. Dieses Kapitel zeigt Ihnen nützliches und sinnvolles Zubehör, mit dem das Fotografieren noch mehr Spaß macht oder das gänzlich neue Möglichkeiten eröffnet, die mit Bordmitteln allein nicht zu realisieren sind.

Objektive

Zu Beginn des neuen Systems hat Canon zwei speziell auf die EOS M abgestimmte Objektive entwickelt, die sich durch kleine Abmessungen und geringes Gewicht auszeichnen. In den kommenden Jahren wird Canon das Objektivangebot sicherlich kontinuierlich ausbauen, aber schon die vorhandenen Objektive bieten einen Brennweitenbereich vom Weitwinkel bis zum leichten Tele und decken damit vielfältige Einsatzgebiete von der Landschaftsaufnahme über die Reportage bis hin zur Porträtfotografie ab.

➡ *Zum Start des neuen EF-M-Bajonetts präsentiert Canon ein Zoomobjektiv mit Bildstabilisator sowie eine lichtstarke Festbrennweite.*

Beide Objektive kommen mit minimalistischem Design in Form eines makellosen Zylinders daher und fallen deutlich kompakter aus als die entsprechenden Objektive für DSLRs. Schalter für die manuelle Scharfstellung oder den Bildstabilisator, wie Sie es eventuell von Ihrer Canon DSLR-kennen, sucht man vergebens. Die Objektive verfügen zwar über einen Ring für die manuelle Scharfstellung, die Umschaltung zwischen Autofokus und manuellem Fokus muss allerdings im Kameramenü erfolgen. Gleiches gilt für das An- bzw. Abschalten des Bildstabilisators beim EF-M 18-55 IS STM.

> Fit für Video: „STM"-Objektive zeichnen sich durch eine kontinuierliche und sehr leise Fokussierung aus. Die Abkürzung steht für Stepper-Motor-Technologie.

Canon EF-M 18-55 1:3,5-5,6 IS STM

Das Canon EF-M 18-55 1:3,5-5,6 IS STM ist ein Zoomobjektiv, das einen Brennweitenbereich vom Weitwinkel bis zum leichten Tele in sich vereint. Es bietet einen recht zügigen Autofokus und beherrscht zudem die kontinuierliche und nahezu geräuschlose Fokussierung bei Videoaufnahmen. Es arbeitet mit Innenfokussierung, d. h., die Linsengruppen werden zum Scharfstellen im Objektivinneren verschoben. Die Gesamtlänge des Objektivs ändert sich während des Fokussiervorgangs nicht.

Die Naheinstellgrenze des Zoomobjektivs beträgt 25 cm, der Filterdurchmesser misst 52 mm, und die sieben Blendenlamellen sorgen für eine möglichst runde Blendenöffnung, die ein angenehmes Bokeh erzeugt.

◀ *Die Canon EF-M-Objektive zeichnen sich durch eine gute Bildqualität und ein angenehmes Bokeh aus. Die sieben Blendenlamellen sorgen für nahezu runde Zerstreuungskreise, wie diese absichtlich falsch fokussierte Lichterkette zeigt. 55 mm, 1/200 Sek., f 8, ISO 3200*

Der Begriff *Bokeh* stammt aus dem Japanischen und wird als Maß für die „Unschärfequalität" verwendet. Diese wird in erster Linie von der Form der Blendenöffnung bestimmt: Je runder die Blendenöffnung, desto angenehmer wirkt das Bokeh.

Praktisches Zubehör

➲ *Das EF-M 18-55mm IS STM ist ein universelles Arbeitstier für den fotografischen Alltag. Foto: Canon*

Der Zusatz IS (für Image Stabilizer) kennzeichnet eine beweglich gelagerte Linsengruppe im Objektiv, die der Verwacklungsbewegung entgegenwirkt.

Mit seinen gerade einmal 210 g eignet sich das EF-M 18-55mm IS STM sehr gut als „Immer-drauf"-Objektiv. Die verhältnismäßig kleine Anfangsblendenöffnung wird durch den integrierten Bildstabilisator wettgemacht, sodass verwacklungsfreie Fotos selbst bei knappem Licht gelingen.

Der Bildstabilisator verlängert die Freihandgrenze um etwa vier Stufen: Der Bildstabilisator im EF-M 18-55mm verhilft aber nicht nur beim Fotografieren zu einem „ruhigen Händchen", sondern gleicht auch beim Filmen Roll- und Schwenkbewegungen effektiv aus, sodass Freihandvideos sehr viel verwacklungsärmer gelingen.

Streulichtblenden

Eine Sonnen-, Gegenlicht- oder, besser, Streulichtblende hält schräg einfallendes Licht ab, das ansonsten den Kontrast verringern würde. Sie verhindert aber nicht nur Reflexionen, sondern schützt zusätzlich die empfindliche Frontlinse vor mechanischer Beschädigung.

Bei Canon gehören Streulichtblenden nur bei den teuren DLSR-Objektiven der professionellen L-Serie zum Lieferumfang. Die Objektive für die EOS M machen da leider keine Ausnahme. Für die passenden Streulichtblenden zu den beiden EF-M-Objektiven müssen Sie zusätzlich ins Portemonnaie greifen: Etwa 15 Euro werden für die Ausführung EW-54 für das EF-M 18-55mm fällig. Das Modell EW-43 für das EF-M 22mm-Pancake kostet ca. 20 Euro.

➲ *Die Streulichtblende EW-54 für das 18–55-mm-Zoom der EOS M. Sie gehört nicht zum Lieferumfang des Objektivs und muss separat erworben werden. Foto: Canon*

Canon EF-M 18-55 1:3,5-5,6 IS STM

⬆ Der untere Brennweitenbereich des Zoomobjektivs EF-M 18-55 1:3,5-5,6 IS STM erlaubt weiträumige Landschaftsaufnahmen. 18 mm, f8, 1/100 Sek., ISO 100

⬆ Mit einer längeren Brennweiteneinstellung lassen sich Details eindrucksvoll herausarbeiten. 55 mm, f8, 1/100 Sek., ISO 100

Canon EF-M 22mm 1:2 STM

Zusätzlich zum Zoomobjektiv startet Canon die EF-M-Objektivpalette mit einer lichtstarken Festbrennweite. Gerade einmal 2,4 cm lang und 105 g schwer: Das EF-M 22mm ist klein und leicht.

Das gemäßigte Weitwinkel kommt als sogenanntes „Pancake" in einer extrem flachen Bauweise daher und bietet sich damit als idealer Begleiter für die Reise-, Landschafts- und Reportagefotografie an. Mit diesem Objektiv passt die EOS M sogar in eine (größere) Jackentasche.

➡ Flach wie ein Pfannkuchen: das EF-M 22mm 1:2 STM.
Foto: Canon

⬆ Die gemäßigte Weitwinkelwirkung prädestiniert das EF-M 22mm 1:2 STM für die Reportagefotografie und Übersichtsaufnahmen. 22 mm, f8, 1/40 Sek., ISO 125

Canon EF-M 22mm 1:2 STM

Wie bei allen EF-Objektiven verbaut Canon auch im EF-M 22mm asphärische Linsen, um Abbildungsfehler wie sphärische Aberrationen zu unterbinden, und die Linsen sind für eine hohe Kontrastleistung vergütet, damit Streulicht eliminiert wird. Die Naheinstellgrenze des Objektivs beträgt 15 cm, und die Frontlinse nimmt Filter mit 43 mm Durchmesser sowie die Streulichtblende EW-43 auf.

Das EF-M 22mm verfügt zwar nicht über einen Bildstabilisator, mit seiner großen Anfangsöffnung von 1:2 ist es aber sehr lichtstark.

Objektivfilter

Im Gegensatz zu einfachen Kompaktkameras verfügen die EF-M-Objektive über ein ganz normales Filtergewinde und nehmen optische Filter problemlos auf. Viele der klassischen Korrektur- und Trickfilter haben im Zeitalter von Photoshop & Co. zwar ausgedient, dennoch gibt es ein paar sinnvolle Glasfilter:

- **Schutzfilter** schützen die Frontlinse vor Kratzern. Aus optischer Sicht sind solche UV- oder Skylight-Filter praktisch wirkungslos, denn alle modernen Objektive filtern von sich aus sehr wirksam die kurzwellige UV-Strahlung.
- **Polarisationsfilter**, kurz Polfilter genannt, sind ein wahres Zaubermittel für gelungene (Landschafts-)Fotos: Sie dunkeln den Himmel ab, erhöhen den Kontrast zwischen Wolken und Himmel, absorbieren Spiegelungen und intensivieren die Farben.
- **Neutrale Graufilter** oder ND-Filter reduzieren die einfallende Lichtmenge und ermöglichen so lange Belichtungszeiten für kreative Effekte bei bewegten Motiven, z. B. Aufnahmen mit seidig-verwischten Flussläufen. Besonders praktisch sind einstellbare Variograu-Filter, mit denen sich das Licht stufenlos reduzieren lässt.
- **Grauverlaufsfilter** helfen bei der Bewältigung hoher Kontraste, z. B. ist der Himmel oft viel heller als die Landschaft darunter. Halten Sie bereits bei der Aufnahme einen Grauverlaufsfilter vor das Objektiv, so dunkeln Sie den Himmel ab und ersparen sich die zeitaufwendige Korrektur im Bildbearbeitungsprogramm.

In das Frontgewinde der EF-M-Objektive lassen sich verschiedene Filter einschrauben. Foto: Canon

EF-EOS M-Objektivadapter

Der EF-EOS M-Adapter schlägt die Brücke zwischen der EOS M und der umfangreichen Objektivpalette des EOS-Systems. Der kompakte und leichte Adapter ist mit allen EF- und EF-S-Objektiven kompatibel und stellt für den verhältnismäßig moderaten Preis von etwa 130 Euro mit einem Schlag eine große Objektivauswahl für die EOS M zur Verfügung. Bei Canons DSLR-Objektiven sind lichtstarke Festbrennweiten ebenso vertreten wie komfortable Zooms, und mit Brennweiten zwischen 8 mm und 800 mm können Sie vom engen Innenraum bis zum scheuen Vogel alles auf den Sensor bannen. Hinzu kommen diverse Spezialoptiken wie Makroobjektive für große Fotos von kleinen Dingen oder Tilt-/Shift-Objektive für Architekturaufnahmen ohne stürzende Linien.

➡ *Übersetzer: Mit dem EF-EOS M-Objektivadapter passen alle EF- und EF-S-Objektive an das EF-M-Bajonett. Foto: Canon*

> Der Abstand zwischen Bildsensor und Außenseite des Objektivbajonetts wird als Auflagemaß bezeichnet und beträgt bei Canons EF-Bajonett 44 mm.

Der EF-EOS M-Adapter kommt ohne optische Elemente aus, sodass die exzellente Abbildungsqualität der EF- und EF-S-Objektive in vollem Umfang zur Verfügung steht und nicht durch zusätzliche Linsenelemente geschmälert wird. Er ist ein reines Zwischenstück, das auf der Rückseite an das EF-M-Bajonett passt und auf der Vorderseite ein EF- bzw. EF-S-Objektiv aufnimmt und den erforderlichen Abstand vom kürzeren Auflagemaß der EOS M auf das konventionelle Auflagemaß der Canon-Spiegelreflexkameras bildet.

Keine Einbußen müssen Sie beim Bedienkomfort befürchten. Da die Kontakte 1:1 durchgeschleift sind, können Sie alle Objektivfunktionen wie Autofokus oder Belichtungsmessung uneingeschränkt nutzen.

Canon EF-M 22mm 1:2 STM

Nehmen Sie die Umschaltung zwischen manuellem Scharfstellen und Autofokus sowie das Ein-/Ausschalten des Bildstabilisators immer durch den jeweiligen Schalter am Objektiv vor – diese haben immer Vorrang vor den entsprechenden Einstellungen im Kameramenü.

⬆ *Durch den EF-EOS M-Adapter steht Ihnen an der EOS M die breite Objektivpalette des Canon EOS-Systems zur Verfügung, darunter auch zahlreiche Makroobjektive. Diese Aufnahme entstand mit dem Canon EF 50mm f/2.5 Compact Macro. 50 mm, f8, 1/125 Sek., ISO 400*

⬅ *Die EOS M mit dem Canon EF 200mm 1:2,8 L II. Über die Stativschelle am EF-EOS M-Adapter lassen sich auch große Teleobjektive sicher auf einem Stativ verwenden.*

Die mitgelieferte abnehmbare Stativschelle ist ein toller Service von Canon. So lassen sich selbst lange Teleobjektive mit der EOS M nutzen und gut ausbalanciert auf dem Stativ befestigen.

205

GPS-Empfänger GP-E2

Die EOS M ist mit dem Canon GPS-Receiver GP-E2 kompatibel, der zusammen mit der EOS 5D Mark III zu Beginn des Jahres 2012 auf den Markt kam. Schieben Sie diesen kleinen schwarzen Kasten, der in etwa die Größe eines kleinen Kompaktblitzes besitzt, in den Zubehörschuh auf der Oberseite der EOS M, so wird in den Fotos automatisch der Aufnahmeort gespeichert.

➲ Die EOS M mit angesetztem GP-E2. Sobald der GPS-Empfänger angeschaltet wird und ein Signal empfängt, wird bei den aufgenommenen Fotos automatisch der Aufnahmestandort mit gespeichert.

Beim Thema GPS und Digitalkamera scheiden sich die Geister. Während die einen diese Funktionalität für überflüssigen Schnickschnack halten, sind andere – und zu dieser Fraktion zähle ich mich – davon hellauf begeistert. Ob sich die zusätzliche Investition von etwa 250 Euro für den GP-E2 lohnt, hängt dabei in großem Maße von den persönlichen Fotovorlieben ab. Wenn Sie hauptsächlich Ihre Kinder, Familie und Freunde in den eigenen vier Wänden fotografieren, wissen Sie natürlich auch ohne elektronische Erinnerungsstütze, wo die Fotos entstanden sind. Auf längeren Urlaubsreisen dagegen geht der Überblick, welches Foto wo aufgenommen wurde, schon recht schnell verloren. Der GP-E2 ist daher gerade für Vielreisende eine große Hilfe, um Ordnung im Fotoarchiv zu halten. Das Reisen macht einfach noch mehr Spaß, wenn man anschließend auf einer digitalen Karte den Reiseverlauf nacherleben und punktgenau die Aufnahmestandorte der einzelnen Fotos nachvollziehen kann.

GPS-Geräteeinstellungen

Sobald Sie den GP-E2 in den Blitz-/Zubehörschuh auf der Kameraoberseite schieben, werden die Positionsdaten des aktuellen Standorts automatisch in die EXIF-Metadaten der Fotos geschrieben. Zusätzlich können Sie im Menü *GPS-Geräteeinstellungen* einige grundlegende Einstellungen treffen. So verwenden Sie den GP-E2 mit der Canon EOS M:

1 Legen Sie eine AA/LR6-Batterie in das GP-E2 ein.

Mit der Standardeinstellung arbeitet der Empfänger ungefähr 39 Stunden lang. Die tatsächliche Betriebsdauer hängt u. a. von der Häufigkeit der Positionsbestimmung und der Qualität des GPS-Signals ab, das z. B. im Wald oder im Gebirge schwächer ist als auf freiem Feld.

2 Achten Sie darauf, dass der Drehschalter in der OFF - Position steht.

◀ Vergessen Sie nicht, den GPS-Empfänger im Zubehörschuh zu sichern.

3 Schieben Sie den Empfänger mit dem Befestigungsfuß in den Zubehörschuh der EOS M und drücken Sie den Verriegelungshebel nach rechts, bis er arretiert.

4 Drehen Sie den Schalter in die Position ON . Die zwei roten Lämpchen *Batt.* und *GPS* unterhalb des Hauptschalters informieren über den Ladezustand der Batterie sowie den Status des GPS-Signals:

Blinkt die *Batt.*-Leuchte langsam, so liefert die Batterie ausreichend Energie. Neigt sich die Batterie dagegen dem Ende zu, blinkt die Leuchte schnell, und wenn die Lampe dunkel bleibt, muss die Batterie getauscht werden.

Bis das Signal erfasst ist, blinkt die *GPS*-Leuchte in kurzem Intervall. Ist ein Signal vorhanden, blinkt die LED langsam. Die Erfassung des GPS-Signals wird auch auf dem Kameramonitor angezeigt: Während der Positionssuche blinkt das GPS-Symbol. Leuchtet es kontinuierlich, werden die Koordinaten mit den Bildern gespeichert.

▶ *Der Canon GP-E2 verfügt auf seiner Oberseite über einen Hauptschalter und zwei LED-Leuchten, die den Ladezustand sowie den GPS-Empfang signalisieren.*

1 *Logging-Modus zum Aufzeichnen der Reiseroute*

2 *GPS-Empfänger eingeschaltet, die Positionsdaten werden automatisch in die Fotos übernommen*

3 *GP-E2 ausgeschaltet*

4 *Batterie-Ladezustand (langsamen Blinkintervall=Batterie voll)*

5 *GPS-Signal (langsames Blinkintervall = GPS-Signal vorhanden)*

Achten Sie beim Ansetzten/Abnehmen des GP-E2 immer darauf, dass er ausgeschaltet ist.

GPS-Empfänger GP-E2

Die Reiseroute aufzeichnen

Der GPS-Empfänger GP-E2 kann nicht nur die Koordinaten des Aufnahmeorts in den Fotos speichern, sondern auch die Reiseroute aufzeichnen: Wenn Sie den Hauptschalter ganz nach oben auf die Position LOG stellen, werden die aktuellen Positionsdaten in einem vorher festgelegten Zeitintervall im internen Speicher des Empfängers abgelegt. Sie können die Reiseroute dann später mit dem mitgelieferten Programm Map Utility auslesen und auf einer digitalen Landkarte nachverfolgen.

Solange der Empfänger angeschaltet ist und ein GPS-Signal empfängt, werden alle Fotos schon während der Aufnahme mit den Koordinaten versehen. Sie können das wie folgt überprüfen:

6 Drücken Sie die MENU -Taste, um das Kameramenü anzuzeigen. Navigieren Sie zur dritten Registerkarte des gelben *Einstellungen*-Menüs und rufen Sie mit der SET -Taste den Menüpunkt *GPS-Geräteeinstellungen* auf.

◄ Die Optionen für den GPS-Empfänger treffen Sie im Einstellungen-Menü.

7 Wählen Sie die Option *GPS-Informationsanzeige*, um den Bildschirm mit den aktuellen Standortdaten anzuzeigen.

◄ Das Untermenü GPS-Geräteeinstellungen können Sie nur aufrufen, wenn ein GP-E2 angeschlossen ist.

➡ *Solange der GP-E2 ein GPS-Signal empfängt, ermittelt er kontinuierlich die aktuelle Position.*

Auf dem Bildschirm *GPS-Geräteeinstellungen* können Sie zusätzlich die folgenden Optionen einstellen:

- *Auto-Zeiteinstell.:* Wählen Sie *Auto-Update*, damit die interne Kamerauhr automatisch über die zusammen mit dem GPS-Signal übertragene Uhrzeit gestellt wird.

➡ *Die automatische Übernahme der UTC-Zeit für die Kamerauhr ist nur möglich, wenn der GP-E2 das Signal von mindestens fünf Satelliten empfängt.*

- *TimingPositionsaktualisierung:* Hier legen Sie fest, wie häufig der Empfänger die aktuelle Position abfragt. Ein kürzeres Intervall liefert genauere Ortsinformationen, erhöht allerdings auch den Stromverbrauch.

➡ *In der Standardeinstellung aktualisiert der GP-E2 die Positionsdaten alle 15 Sek.*

GPS-EMPFÄNGER GP-E2

- *Digitalkompass:* Der GP-E2 verfügt über einen Digitalkompass. Setzen Sie diese Option auf *Aktivieren*, wird nicht nur die genaue Position des Aufnahmeorts gespeichert, sondern sogar die Richtung, in die die Kamera (bzw. der GPS-Empfänger) während der Aufnahme gehalten wurde.

◀ *Bei aktiviertem Digitalkompass wird auch die Aufnahmerichtung in den Fotos gespeichert.*

◀ *Folgen Sie den Anweisungen auf dem Kameramonitor, um den Kompass zu kalibrieren.*

Der Digitalkompass muss von Zeit zu Zeit kalibriert werden, damit er die Aufnahmerichtung korrekt erfassen kann. Wählen Sie dazu den Menüpunkt *Digitalkompass kalibrieren* und schwenken bzw. drehen Sie die Kamera, wie es auf dem Monitor angezeigt wird.

◀ *Die erfolgreiche Kalibrierung wird auf dem Monitor angezeigt.*

Was man mit Geodaten in den Fotos alles anfangen kann

➡ *Im Organizer von Photoshop Elements können Sie sich die aufgezeichneten Koordinaten anzeigen lassen.*

In den EXIF-Metadaten werden diverse Informationen zu den Kameraeinstellungen im jeweiligen Foto automatisch mit gespeichert.

⬇ *Seit der vierten Programmversion bietet Lightroom ein Karten-Modul, in dem Sie sich den Aufnahmestandort auf einer Karte anzeigen lassen können, wenn die Fotos mit Geodaten versehen sind.*

Stehen die Koordinaten erst einmal in den EXIF-Metadaten, so lassen sie sich auf vielfältige Art und Weise nutzen und mit jedem Programm auslesen, das die Anzeige von EXIF-Daten unterstützt, z. B. Photoshop Elements oder Lightroom.

GPS-Empfänger GP-E2

Auf der zum GP-E2 mitgelieferten CD finden Sie das Programm Map Utility, mit dem Sie sich den Aufnahmestandort samt Blickrichtung auf einer Google Maps-Karte oder im Logging-Modus aufgezeichnete Reiserouten anzeigen lassen können.

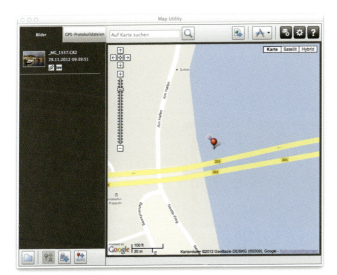

Das mit dem GP-E2 ausgelieferte Map Utility zeigt zusätzlich zum Aufnahmestandort auch die Aufnahmerichtung an.

Ein sehr empfehlenswertes Programm in diesem Zusammenhang ist die Freeware GeoSetter, die weit über den Funktionsumfang von Map Utility hinausgeht, und Sie sind nicht auf die Anzeige von Google Maps-Karten beschränkt.

GeoSetter bietet die Auswahl verschiedener digitaler Onlinekarten.

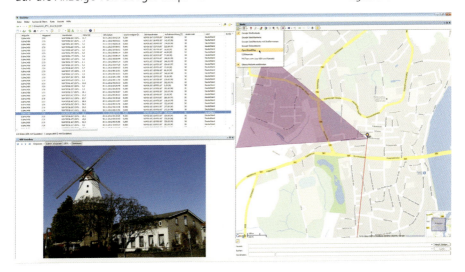

IPTC ist neben EXIF ein weiterer Standard für die Zusatzinformationen zur eigentlichen Bilddatei. Hier werden z. B. Aufnahmeort, Bildunterschrift, Titel oder Stichworte abgelegt.

Der eigentliche Clou liegt aber darin, die trockenen Zahlenwerte der Aufnahmekoordinaten zu nutzen, um die IPTC-Felder für den Aufnahmeort automatisch auszufüllen:

1 Wählen Sie die gewünschten Fotos links in der Spalte aus und rufen Sie den Dialog *Daten bearbeiten* mit BILDER/DATEN BEARBEITEN auf und klicken Sie auf die Schaltfläche *Alle online abfragen* im Bereich *Ort*.

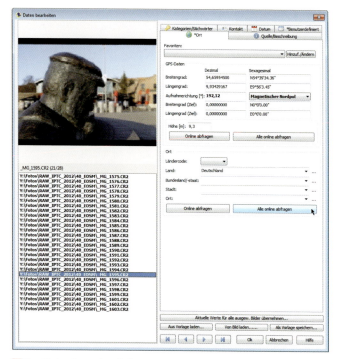

Der Dialog Daten bearbeiten von GeoSetter

2 Durch die Anfrage bei der Internetdatenbank *www.geonames.org* werden nun die Ortsdaten erfragt. GeoSetter präsentiert Ihnen eine Liste von möglichen Orten. In der Regel passt der erste Eintrag. Klicken Sie auf *Immer naheste auswählen*, um auch für die weiteren Fotos automatisch den nächsten bekannten Ortsnamen zu übernehmen.

⬅ *Über eine Internetabfrage ermittelt Geo-Setter die Ortsnamen zu den gefundenen Koordinaten.*

3 Schließen Sie den Dialog *Daten bearbeiten* mit *OK*.

Bislang hat GeoSetter die Koordinaten und Ortsdaten zwar ermittelt und den Fotos zugewiesen, die Änderungen aber noch nicht in den Metadaten gespeichert. Alle noch nicht gespeicherten Änderungen sind im Fenster mit den Dateieigenschaften rot markiert.

4 Wählen Sie BILDER/ÄNDERUNGEN SPEICHERN oder das Tastenkürzel Strg + S, um die geänderten Metadaten der Fotos zu speichern.

Stativ

Ein Stativ für eine so kompakte Kamera wie die EOS M? Was im ersten Moment wie ein Widerspruch wirkt, ergibt bei näherer Betrachtung durchaus Sinn. Ob Sie die Kamera für ein Stillleben oder eine Makroaufnahme exakt ausrichten möchten oder bei Nacht- und Innenaufnahmen mit einer extrem langen Belichtungszeit fotografieren müssen – es gibt viele Situationen, in denen erst ein Stativ das gewünschte Foto möglich macht.

Dank der kompakten Abmessungen und des geringen Gewichts benötigen Sie für die EOS M zum Glück kein übermäßig schweres Stativ, wie es bei einer DSLR erforderlich wäre.

Ich habe während der Arbeit an diesem Buch gute Erfahrungen mit dem Cullmann Magnesit 522T gemacht. Dieses kompakte Stativ kostet etwa 110 Euro und ist zusammengeschoben nur 39 cm lang. Inklusive des kleinen Kugelkopfes wiegt es moderate 1,7 kg, und über die üppig dimensionierten Klemmen lassen sich die Beine leicht ein- und ausfahren und das Stativ auf die gewünschte Höhe bringen – möglich sind maximal 124 cm. Denken Sie dabei aber immer daran: Je weiter Sie das Stativ ausfahren, desto geringer wird die Stabilität.

⬆ *Langzeitbelichtungen wie diese überfordern jeden Bildstabilisator und gelingen daher nur, wenn die EOS M fest auf ein Stativ montiert ist. 38 mm, f32, 30 Sek., ISO 400*

Fotografieren Sie gerne Makros, so achten Sie bei der Auswahl des Stativs auf eine umkehrbare Mittelsäule, damit auch Aufnahmen in Bodennähe kein Problem sind.

Zusätzlich zum Stativ benötigen Sie einen Stativkopf, der die Verbindung zwischen Kamera und Stativ herstellt. Er sollte möglichst stabil sein und ein flexibles, aber dennoch exaktes Positionieren der Kamera ermöglichen Dabei können Sie grundsätzlich zwischen zwei Möglichkeiten wählen:

- *Kugelköpfe* sind einfach, schnell und komfortabel zu bedienen. Nach dem Lösen der Feststellschraube können Sie die Kamera in jede beliebige Stellung drehen. Sind Sie mit der Ausrichtung der Kamera zufrieden, reicht ein erneuter Dreh an der Schraube, um die Kamera in der gewünschten Position zu fixieren.
- *Drei-Wege-Neiger* gestatten sanfte Videoschwenks und eignen sich für Fotos, bei denen es auf eine absolut exakte Ausrichtung, aber nicht so sehr auf die Schnelligkeit ankommt, z. B. Makroaufnahmen oder die Einzelaufnahmen für ein Panorama. Sobald Sie mit dem Drei-Wege-Neiger die horizontale Position eingestellt haben, können Sie völlig unabhängig davon die vertikale Ausrichtung vornehmen. Drei-Wege-Neiger sind um einiges sperriger als ein Kugelkopf. Insbesondere beim Transport stören die langen Griffe. Es gibt aber auch Modelle mit kürzeren Einstellhebeln.

Fernauslöser

Ob Selbstporträt oder Nachtaufnahme – der Fernauslöser ist eine sinnvolle Ergänzung zum Stativ, mit dem Sie die EOS M auslösen können, ohne direkt auf den Auslöser der Kamera drücken zu müssen. So verringern Sie sehr effektiv das Risiko von Verwackelungen bei langen Belichtungszeiten.

Für die EOS M benötigen Sie die Infrarot-Fernbedienung RC-6. Die kompakte Infrarot-Fernbedienung löst die EOS M aus einer Entfernung von bis zu fünf Metern aus, je nach Einstellung im Kameramenü entweder sofort oder mit einer Auslöseverzögerung von zwei Sekunden:

Für das Zusammenspiel mit der Fernbedienung müssen Sie die Betriebsart im Kameramenü ändern.

Da der IR-Sensor auf der Frontseite der EOS M untergebracht ist, müssen Sie die Fernbedienung zum Auslösen vor die Kamera halten.

1 Drücken Sie die Info.-Taste, um den Schnelleinstellungsbildschirm aufzurufen.

2 Tippen Sie auf das gewünschte Symbol, um den Auslösemodus einzustellen:

 In der Betriebsart *Selbstausl.:10Sek/Fern* löst die Kamera unmittelbar beim Druck auf die Fernbedienung aus. Diese Einstellung ist z. B. bei Makro- oder Nachtaufnahmen sinnvoll.

 Mit *Selbstauslöser:2Sek* löst die EOS M nach einer Verzögerung von zwei Sekunden aus. So bleibt Ihnen bei Selbstporträts ausreichend Zeit, um die Fernbedienung aus dem Bild „verschwinden" zu lassen.

Was auf jeden Fall noch in die Fototasche gehört

Auch wenn Sie sich die EOS M gekauft haben, um tolle Bilder ohne großes Gepäck zu machen, gibt es ein paar Utensilien, die zumindest bei einer längeren Fototour oder Urlaubsreise unbedingt in die Fototasche gehören:

- *Pinsel/Blasebalg*, um locker anhaftenden Schmutz wie Sand oder Staub zu entfernen
- Stärkeren Verschmutzungen auf der Frontlinse oder dem Kameramonitor wie z. B. Fingerabdrücken rücken Sie am besten mit speziellem Linsenreinigungspapier aus dem Fotohandel oder einem weichen (Mikrofaser-)Tuch zu Leibe.
- Ersatzakku(s)
- zusätzliche Speicherkarte(n)

Lose anhaftenden Staub können Sie mit Blasebalg und/oder Pinsel entfernen. Für stärkere Verschmutzungen besser geeignet ist Linsenreinigungspapier. Bei besonders hartnäckigem Dreck hilft nur spezielle Reinigungsflüssigkeit.

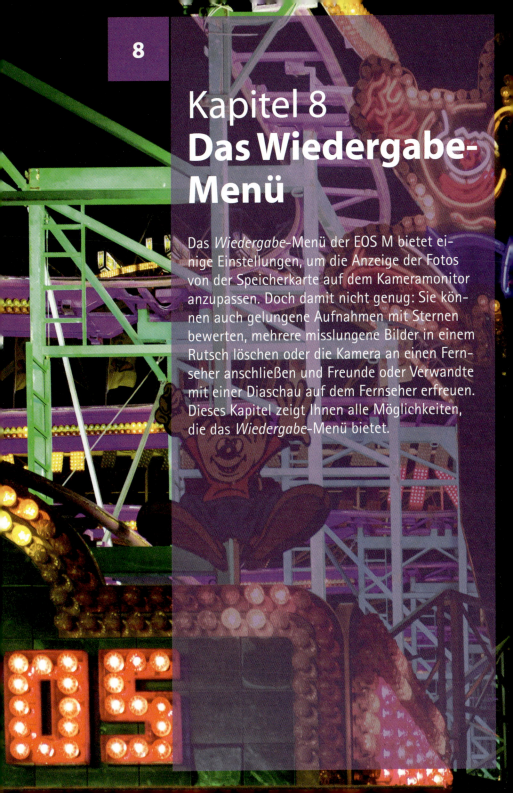

8

Kapitel 8
Das Wiedergabe-Menü

Das *Wiedergabe*-Menü der EOS M bietet einige Einstellungen, um die Anzeige der Fotos von der Speicherkarte auf dem Kameramonitor anzupassen. Doch damit nicht genug: Sie können auch gelungene Aufnahmen mit Sternen bewerten, mehrere misslungene Bilder in einem Rutsch löschen oder die Kamera an einen Fernseher anschließen und Freunde oder Verwandte mit einer Diaschau auf dem Fernseher erfreuen. Dieses Kapitel zeigt Ihnen alle Möglichkeiten, die das *Wiedergabe*-Menü bietet.

Die Möglichkeiten der Bildwiedergabe

Wie Sie schon in *Kapitel 1* erfahren haben, starten Sie die Bildwiedergabe durch einen Druck auf die blaue Wiedergabetaste rechts über dem Hauptwahlrad. Halten Sie die Taste für mindestens zwei Sekunden gedrückt, wenn die EOS M abgeschaltet ist. Bei eingeschalteter Kamera reicht ein kurzer Druck, um zur Bildwiedergabe zu wechseln.

Befinden sich Bilder auf der Speicherkarte, die mit einer anderen Kamera aufgenommen oder am Computer nachbearbeitet wurden, kann die EOS M diese Fotos unter Umständen nicht fehlerfrei oder gar nicht anzeigen.

Durch einen längeren Druck der Wiedergabe-Taste startet die Bildwiedergabe selbst bei ausgeschalteter Kamera.

Durch mehrmaliges Drücken der `Info.`-Taste lassen sich während der Bildanzeige je nach Wunsch unterschiedliche Aufnahmedaten einblenden. Mehr dazu finden Sie in *Kapitel 1* ab *Seite 30*.

Steuerung der Bildwiedergabe mit dem Touchscreen

Die EOS M kommt dank ihres Touchscreens ohne eine separate Taste für das Vergrößern bzw. Verkleinern der Bildanzeige aus, und Sie können bequem mit zwei Fingern in das aktuelle Foto hinein- oder hinauszoomen:

- Um die Schärfe auf dem (im Verhältnis zu einem Computermonitor) kleinen Kameradisplay zu überprüfen, sollten Sie das Bild immer in der Vergrößerung betrachten. Berühren Sie dazu den Bildschirm mit zwei eng beieinanderliegenden Fingern, z. B. Daumen und Zeigefinger, und spreizen Sie die Finger, um das Bild zu vergrößern, Maximum ist eine Vergrößerung um den Faktor 10. Zum Verkleinern können Sie die Finger einfach wieder zusammenziehen. Mit dem Symbol oben rechts zeigen Sie wieder das gesamte Foto in der Übersicht an.

DIE MÖGLICHKEITEN DER BILDWIEDERGABE

- Sie können den Touchscreen außerdem dazu nutzen, um von der **Einzelbildanzeige** zu einer **Indexanzeige** mit mehreren Bildminiaturen zu wechseln: Berühren Sie den Bildschirm mit zwei gespreizten Fingern und bewegen Sie sie aufeinander zu. Jedes Mal, wenn Sie die Finger zusammenziehen, wechselt die Bildanzeige, und zwar in der Reihenfolge Einzelbild – Übersicht mit vier Bildern – Übersicht mit neun Bildern.

Zusätzlich erlaubt der Touchscreen eine bequeme Navigation durch den Bildbestand auf der Speicherkarte:

◄ *Wischen Sie mit einem Finger nach links oder rechts, um durch die Fotos auf der Speicherkarte zu blättern.*

- Wischen Sie in der **Einzelbildanzeige** mit einem Finger nach rechts oder links, um das nächste bzw. vorherige Bild anzuzeigen.

◄ *Das Wischen mit zwei Fingern führt einen Bildsprung aus.*

223

- Wischen Sie in der **Einzelbildanzeige** mit zwei Fingern nach links oder rechts, um einen Bildsprung auszuführen. Dann werden, je nach Einstellung auf der *Wiedergabe*-Registerkarte des Kameramenüs (*siehe Seite 233*), z. B. 10 Bilder oder 100 Bilder übersprungen. Weitere Optionen sind die Anzeige der Bilder nach Datum, nach Ordnern oder Bewertung, oder Sie können einstellen, dass nur Filmaufnahmen oder nur Standbilder angezeigt werden.

➡ *Durch Wischbewegung von oben nach unten (oder umgekehrt) blättern Sie durch die Indexanzeige.*

- In der **Übersichtsanzeige** können Sie durch die Fotos scrollen, indem Sie mit einem Finger nach oben oder unten wischen. Tippen Sie mit einem Finger auf die Miniatur, um das Bild in der Einzelbildanzeige anzuzeigen.

Einstellungen zur Bildwiedergabe

Die beiden blauen Registerkarten im Kameramenü erlauben verschiedene Voreinstellungen zur Bildwiedergabe sowie zur Nachbearbeitung der Bilder bereits in der Kamera (dazu im nächsten Kapitel ab *Seite 243* mehr).

➡ *Die Funktionen und Einstellungen zur Bildwiedergabe finden Sie auf den beiden blauen Registerkarten.*

Die Möglichkeiten der Bildwiedergabe

Bilder schützen

Mit der Funktion *Bilder schützen* lassen sich besonders gelungene oder wichtige Aufnahmen gegen versehentliches Löschen schützen:

1 Markieren Sie den Menüpunkt *Bilder schützen* auf der ersten Registerkarte des *Wiedergabe*-Menüs und drücken Sie die Q/SET -Taste.

Achtung: Beim Formatieren der Speicherkarte (siehe *Kapitel 1* ab *Seite 16*) gehen auch geschützte Bilder verloren!

◂ Im Untermenü können Sie entweder einzelne Bilder auswählen oder alle Bilder in einem Ordner bzw. auf der Karte schützen oder den Schutz aufheben.

2 Wählen Sie im folgenden Untermenü den Eintrag *Bilder auswählen*.

3 Drücken Sie ←/→ -Wahlrad oder wischen Sie wie oben beschrieben mit einem Finger nach links oder rechts, bis das gewünschte Bild angezeigt wird. Drücken Sie dann die Q/SET -Taste, um es mit einem Schreibschutz zu versehen.

◂ Das Schlüsselsymbol am oberen Bildrand stellt sicher: Dieses Bild kann nicht gelöscht werden.

225

Das Wiedergabe-Menü

4 Fotos, die vor dem Löschen geschützt sind, werden mit einem Schlüsselsymbol am oberen Rand gekennzeichnet. Drücken Sie erneut die Q/SET -Taste, um den Schutz bei Bedarf wieder aufzuheben.

5 Wiederholen Sie die Schritte 3 und 4, um weitere Bilder zu schützen. Mit der MENU -Taste beenden Sie den Auswahlvorgang und kehren ins Kameramenü zurück.

Bilder rotieren

Mit der Funktion *Bilder rotieren* können Sie das angezeigte Bild zur bequemeren Ansicht drehen.

➡ *Mit der Funktion Bild rotieren können Sie Hochformataufnahmen drehen.*

1 Markieren Sie den Menüeintrag *Bild rotieren* und drücken Sie die Q/SET -Taste.

2 Blättern Sie wie gewohnt durch Drücken oder Drehen des Hauptwahlrads oder eine Fingerwischgeste durch die Fotos, bis das gewünschte Bild angezeigt wird.

⬆ *Durch Drücken der Q/SET -Taste wird die Bildanzeige gedreht.*

Die Möglichkeiten der Bildwiedergabe

3 Drücken Sie nun so lange die ⌞Q/SET⌟-Taste, bis das Bild in der gewünschten Position erscheint. Die Bilddrehung erfolgt in den Schritten 0° – 90° – 270° – 0°.

4 Drücken Sie die ⌞MENU⌟-Taste, um die Bildanzeige zu beenden und ins Kameramenü zurückzukehren.

Da es nicht besonders komfortabel ist, jede Hochformataufnahme einzeln zu drehen, ist die Funktion *Autom. Drehen* standardmäßig eingestellt. Sie können das jederzeit auf der ersten Registerkarte des gelben *Einstellungen*-Menüs ändern.

Schnelleinstellungen während der Bildwiedergabe

Wenn Sie die Funktionen der Bildwiedergabe häufig nutzen oder schnell ändern wollen, ist der Schnelleinstellungsbildschirm eine feine Sache – Sie müssen dann nicht jedes Mal durch das Kameramenü navigieren.

⬆ *Den Bildschirm für die Schnelleinstellungen erreichen Sie während der Bildanzeige jederzeit durch Drücken der* ⌞Q/SET⌟ *-Taste.*

1. Bilderschutz gegen Löschen aktivieren/deaktivieren
2. Zurück zum Bildanzeige
3. Bild drehen
4. Bildsprungmodus einstellen
5. Sternebewertung vergeben
6. Kreativfilter anwenden (siehe Kapitel 9 ab Seite 244)
7. Größe ändern (nur bei Aufnahmen im JPEG-Format möglich)

Bilder löschen

Selbst mit der EOS M gelingt nicht jedes Foto. Aber keine Angst, das ist völlig normal und passiert selbst den besten Meisterfotografen. Es ist ja gerade einer der großen Vorteile der Digitalfotografie, dass die einzelne Aufnahme (abgesehen von minimalen Energie- und Archivierungskosten) praktisch nichts kostet. Nehmen Sie daher lieber eine Aufnahme zu viel als zu wenig auf und probieren Sie ruhig einmal unterschiedliche Einstellungen aus, um die Auswirkung auf das Foto kennenzulernen. Sie sehen das Ergebnis sofort auf dem Monitor der EOS M, und wenn das Foto nicht gefällt, wandert es umgehend in den digitalen Mülleimer, der Speicherplatz steht dann sofort für neue Aufnahmen bereit.

Die Löschfunktionen der EOS M bieten sich immer dann an, wenn Sie entweder schon bei der Aufnahme merken, dass ein Foto nicht so gelungen ist, wie Sie es sich vorgestellt haben, oder wenn Sie auf der Fototour feststellen, dass der Speicherplatz auf der Karte zur Neige geht. Ansonsten lässt sich das Aussortieren und Löschen der Bilder in der Regel bequemer am Computer erledigen.

Einzelne Bilder löschen Sie in zwei einfachen Schritten:

Die Löschtaste ist mit einem Mülltonnensymbol gekennzeichnet.

1 Drücken Sie ⬇-Wahlrad. Die Taste ist mit einem blauen Mülleimer gekennzeichnet.

Im zweiten Schritt muss das Löschen des Fotos bestätigt werden.

2 Bestätigen Sie die Sicherheitsabfrage mit *OK*, um das Foto zu löschen.

Die Möglichkeiten der Bildwiedergabe

Gelöschte Bilder können nicht wiederhergestellt werden. Überprüfen Sie daher vor jedem Löschvorgang, ob das Foto wirklich gelöscht werden soll, und schützen Sie wichtige Fotos mit der Funktion *Bilder schützen* im Kameramenü (siehe *Seite 225*) vor ungewolltem Löschen.

◄ *Geschützte Bilder können nicht gelöscht werden.*

Wenn Sie vorhaben, eine ganze Reihe von Fotos zu löschen, wird das Löschen über die Löschtaste an der Kamera durch die ständige Sicherheitsabfrage sehr umständlich und zeitaufwendig. Canon hat der EOS M daher eine komfortable Löschfunktion mitgegeben, mit der Sie zunächst die gewünschten Bilder markieren und dann als Stapel in einem Schritt löschen:

◄ *Das Menü Bilder löschen finden Sie auf der ersten Wiedergabe-Registerkarte.*

1 Rufen Sie das Kameramenü mit der MENU-Taste auf und wählen Sie auf der ersten *Wiedergabe*-Registerkarte den Eintrag *Bilder löschen*.

229

Das Wiedergabe-Menü

▶ *Die EOS M bietet unterschiedliche Möglichkeiten, um mehrere Fotos in einem Rutsch zu löschen.*

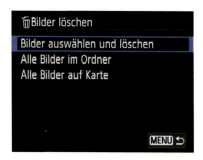

2 Wählen Sie auf dem folgenden Bildschirm *Bilder auswählen und löschen* und drücken Sie die Q/SET -Taste.

▶ *Markieren Sie alle Bilder mit einem Häkchen, die gelöscht werden sollen. Daneben wird die Gesamtzahl der ausgewählten Fotos angezeigt.*

Sie können von der Einzelbildanzeige zu einem Index mit drei Bildminiaturen nebeneinander wechseln: Legen Sie dazu zwei gespreizte Finger auf den Bildschirm und ziehen Sie sie zusammen.

3 Blättern Sie nun wie gewohnt mit dem Wahlrad oder durch Wischen mit dem Finger durch die Fotos und markieren Sie die zu löschenden Fotos mit der *Q/SET*-Taste. Alternativ können Sie auch direkt in den kleinen blauen Kasten oben links tippen, um das Markierungshäkchen zu setzen oder zu entfernen. Die Gesamtzahl der zum Löschen markierten Fotos wird ebenfalls angezeigt.

4 Wiederholen Sie Schritt 3, bis Sie alle Fotos markiert haben, die gelöscht werden sollen.

Die Möglichkeiten der Bildwiedergabe

5 Tippen Sie am Touchscreen auf das Mülltonnensymbol oder drücken Sie ⬇-Wahlrad und bestätigen Sie die Sicherheitsabfrage mit *OK*, um alle markierten Bilder zu löschen.

Im Menü *Bilder löschen* finden Sie außerdem noch die zwei Funktionen *Alle Bilder im Ordner* und *Alle Bilder auf Karte*. Diese beiden Punkte eröffnen im Zusammenspiel mit der Funktion *Bilder schützen* eine recht pfiffige Möglichkeit, um sich schnell aller missratenen Aufnahmen zu erledigen.

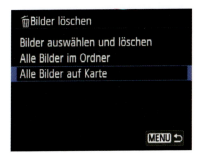

◀ *Der letzte Eintrag löscht alle Bilder auf der Speicherkarte.*

1 Nutzen Sie zunächst *Bilder schützen* (weitere Informationen dazu auf *Seite 225*), um alle gelungenen Bilder zu markieren, die Sie in jedem Fall behalten wollen.

◀ *Im Gegensatz zum Formatieren der Speicherkarte bleiben schreibgeschützte Fotos allerdings erhalten.*

Die weiteren Funktionen auf der ersten Registerkarte des *Wiedergabe-Menüs* widmen sich dem Drucken der Bilder oder der Bildbearbeitung schon in der EOS M ganz ohne Computer. Mehr dazu lesen Sie im nächsten Kapitel ab *Seite 243*.

2 Wählen Sie dann im Menü *Bilder löschen* den Eintrag *Alle Bilder auf Karte* und bestätigen Sie die folgende Sicherheitsabfrage mit *OK*, um in einem Rutsch alle zuvor aussortierten Bilder zu löschen.

Histogramm

Das Histogramm erreichen Sie durch mehrmaliges Drücken der INFO.-Taste während der Bildwiedergabe. Es zeigt in übersichtlicher Form die Helligkeitsverteilung an und ist ein hilfreiches Werkzeug, um die Güte der Belichtung zu beurteilen. Wie das geht, erfahren Sie in *Kapitel 2* ab *Seite 79*.

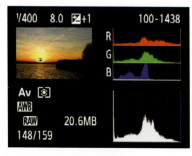

⬆ Die folgende Einstellung bezieht sich nur auf das zuerst angezeigte Histogramm. Auf dem nächsten Info-Bildschirm werden immer sowohl das RGB- als auch das Helligkeitshistogramm angezeigt.

⬆ Hier wählen Sie aus, ob zunächst das Helligkeits- oder das RGB-Histogramm zu sehen ist.

Im Menüpunkt *Histogramm* auf der zweiten Registerkarte des *Wiedergabe*-Menüs können Sie einstellen, in welcher Form das Histogramm dargestellt wird:

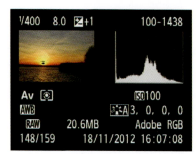

⬆ Mit der Option Helligkeit bekommen Sie die Verteilung der Gesamthelligkeit als Kurve angezeigt.

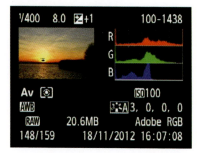

⬆ Das RGB-Histogramm zeigt die Helligkeitskurven der einzelnen Farbkanäle an und erlaubt so nicht nur die Beurteilung der Belichtung, sondern Sie können gegebenenfalls auch einen Farbstich erkennen.

DIE MÖGLICHKEITEN DER BILDWIEDERGABE

Bildsprung

◀ Mit einem Dreh am Wahlrad blättern Sie in größeren Schritten durch Ihre Bilder.

Sie können den Bildsprung auch auf dem Touchscreen ausführen: Wischen Sie dazu in der Einzelbildanzeige mit zwei Fingern nach rechts oder links.

In der Einzelbildanzeige blättern Sie durch einen Druck auf ←/→-WAHLRAD oder das Wischen mit einem Finger durch die Bilder. Wenn es schneller gehen soll, können Sie durch Drehen des Wahlrads auch einen Bildsprung ausführen. Nach welcher Methode dieser erfolgt, können Sie auf der zweiten Registerkarte des *Wiedergabe*-Menüs festlegen:

▲ Die EOS M bietet eine Vielzahl von Bildwechselmethoden beim Bildsprung.

1 Nach Ordner anzeigen

2 kein Bildsprung: Bilder einzeln anzeigen

3 Nur Videoaufnahmen anzeigen

4 10 Bilder überspringen

5 Nur Fotos anzeigen

6 100 Bilder überspringen

7 nach Datum anzeigen

8 Bilder nach Bewertung anzeigen

◀ Wenn Sie die Bilder beim Bildsprung nach Bewertung anzeigen lassen wollen, können Sie zusätzlich die Anzahl der Sterne vorgeben (mehr dazu später ab Seite 240).

233

Automatische Wiedergabe der Bilder (Diaschau)

Mit der *Diaschau*-Funktion aus dem *Wiedergabe*-Menü können Sie die Fotos auf der Speicherkarte nacheinander anzeigen, doch damit noch nicht genug: Die anzuzeigenden Bilder lassen sich durch Filterfunktionen gezielt auswählen, z. B. nur Fotos, die an einem bestimmten Tag aufgenommen wurden, es gibt verschiedene Überblendeffekte für den Bildübergang zwischen den einzelnen Fotos auswählen, und wenn Sie mögen, können Sie die automatische Wiedergabe mit einer Hintergrundmusik unterlegen.

▶ *Die automatische Wiedergabe eröffnet ohne großen Aufwand eine eindrucksvolle Präsentation der Bilder.*

Schließen Sie die EOS M per Kabel an ein Fernsehgerät an, so bietet die Diaschau eine tolle Möglichkeit, um Freunden und Verwandten die Fotos ohne großen Aufwand zu zeigen.

Sie können die Fotopräsentation in wenigen Schritten einrichten:

1 Wählen Sie *Diaschau* aus dem *Wiedergabe*-Menü und drücken Sie die SET -Taste.

▶ *Der Diaschau-Bildschirm erlaubt eine Filterung der anzuzeigenden Bilder und bietet verschiedene Einstellungen für die Wiedergabe.*

DIE MÖGLICHKEITEN DER BILDWIEDERGABE

2 Wählen Sie dann die Bilder aus, die wiedergegeben werden sollen. Standardmäßig ist die Einstellung *Alle Bilder* aktiviert, sodass alle Bilder von der Speicherkarte nacheinander angezeigt werden.

◧ *Alternativ können Sie auch auf dem Touchscreen doppelt auf den Eintrag Alle Bilder tippen und auf dem nächsten Bildschirm die gewünschte Filterung wählen.*

1 Alle auf der Speicherkarte vorhandenen Fotos und Videos werden angezeigt

2 Es werde nur Videos angezeigt

3 Es werden nur Fotos und Videos angezeigt, die am gewählten Datum aufgenommen wurden

4 Es werden nur Fotos angezeigt

5 Es werden nur die Fotos und Videos aus dem gewählten Ordner angezeigt

6 Es werden nur Fotos und Videos mit der gewünschten Anzahl an Bewertungssternen wiedergegeben

3 Wollen Sie nicht alle Bilder anzeigen, sondern eine Auswahl treffen, so drücken Sie ⬆-WAHLRAD, bis der Eintrag *Alle Bilder* blau umrahmt ist, und drücken Sie die Q/SET -Taste.

4 Wählen Sie nun mit ⬆/⬇-WAHLRAD die gewünschte Filterfunktion aus.

◧ *Sobald Sie eine Auswahl getroffen haben, bei der weitere Angaben nötig sind, z. B. des Datums, des Ordners oder, wie in der Bildschirmabbildung zu sehen, der Sterne-Bewertung, können Sie mit der INFO. -Taste ...*

235

Das Wiedergabe-Menü

◘ ... den nächsten Bildschirm öffnen, um die Filterkriterien zu bestimmen.

1 Rufen Sie nun mit der [Q/SET]-Taste den Eintrag *Einstellung* auf.

◘ Die Vorgaben für die Bildpräsentation treffen Sie im Untermenü *Einstellung*.

2 Sie können die folgenden Optionen für die Wiedergabe festlegen:

- *Anzeigedauer:* Stellen Sie die Standzeit für ein einzelnes Foto zwischen 1 und 20 Sek. ein.
- *Wiederholen:* Wählen Sie den Eintrag *Aktivieren*, um die ausgewählten Bilder in einer Endlosschleife abzuspielen. Bei Deaktivieren dieser Option läuft die Diaschau nur einmalig ab.
- *Übergangseffekt:* Hier können Sie verschiedene Effekte für den Übergang von einem Bild zum nächsten wählen. Probieren Sie einfach aus, was Ihnen am besten gefällt.

DIE MÖGLICHKEITEN DER BILDWIEDERGABE

◀ *Mit einer Hintergrundmusik lässt sich die automatische Bildwiedergabe aufwerten.*

- *Hintergrundmusik:* Die EOS M kann während der Diaschau eine Hintergrundmusik abspielen. Dazu ist eine Musikdatei auf der Speicherkarte erforderlich. Auf der mitgelieferten CD sind einige Beispieldateien vorhanden, die Sie mit dem Programm EOS Utility (ebenfalls auf der CD zu finden) auf die Speicherkarte übertragen können.

◀ *Um die Diaschau mit Musik zu unterlegen, müssen Sie die Hintergrundmusik zuerst mit dem Programm EOS Utility auf die Speicherkarte kopieren.*

Weitere Informationen zur Software im Lieferumfang der EOS M finden Sie in *Kapitel 11* ab Seite 281.

3 Markieren Sie den Eintrag *Start*, sodass er blau umrandet ist, und beginnen Sie die Wiedergabe mit einem Druck auf die Q/SET -Taste.

237

DAS WIEDERGABE-MENÜ

➡ *Nach kurzer Vorbereitung beginnt die Diaschau.*

Während die EOS M die Wiedergabe vorbereitet, wird auf dem Kameramonitor *Bild ... laden* angezeigt, dann startet die automatische Bildwiedergabe:

Die automatische Abschaltung der EOS M ist während der Diaschau deaktiviert.

- Drücken Sie die Q/SET -Taste, um die Wiedergabe anzuhalten. Fortsetzen können Sie die Diaschau durch erneutes Betätigen der Q/SET -Taste.
- Mit der MENU -Taste beenden Sie die Wiedergabe der Diaschau, und die EOS M kehrt zum Einstellungen-Bildschirm *Diaschau* zurück. Ein weiterer Druck auf MENU bringt Sie zurück ins Kameramenü.

Die Wiedergabe auf dem verhältnismäßig kleinen Kameramonitor ergibt natürlich nur begrenzt Sinn. Wenn Sie die Kamera aber an einen Fernsehgerät anschließen, können Sie Ihre tollsten Aufnahmen bequem einem größeren Publikum präsentieren und das ganz ohne Computer. Zum Anschluss der EOS M benötigen Sie ein separat erhältliches Kabel. Angeboten werden dabei zwei verschiedene Ausführungen, und zwar das HDMI-Kabel HTC-100 für die Wiedergabe auf HD(High Definition)-Fernsehern in bester Bildqualität in Full HD (1920 x 1080) sowie das Stereo-AV-Kabel AVC-DC400ST für die Wiedergabe in Standardqualität.

1 Schalten Sie zunächst sowohl die Kamera als auch das Fernsehgerät aus.

2 Die Schnittstellen der EOS M finden Sie unter der Abdeckung auf der linken Kameraseite:

   Stecken Sie das AV-Kabel AVC-DC400ST in den unteren Anschluss *A/V Out*.

Die Möglichkeiten der Bildwiedergabe

Das HDMI-Kabel HTC-100 gehört in die mittlere Buchse mit der Beschriftung *HDMI Out*.

3 Verbinden Sie das andere Ende des Kabels mit dem entsprechenden Anschluss am Fernsehgerät. Wenn Sie das AV-Kabel verwenden, achten Sie auf den richtigen Anschluss der drei Stecker, und zwar für das Video- (gelb) sowie das Audiosignal (links weiß, rechts rot).

4 Schalten Sie nun den Fernseher ein und wählen Sie den passenden Videoeingang.

Es kann immer nur eine der beiden Buchsen an der EOS M zum Anschluss an ein Fernsehgerät genutzt werden. Die gleichzeitige Wiedergabe über HDMI und AV-Out ist nicht möglich!

5 Betätigen Sie den `On/Off`-Schalter an der Kamera, um die EOS einzuschalten.

6 Drücken Sie die Wiedergabetaste. Der Kameramonitor bleibt dunkel, und das Bild wird auf dem angeschlossenen Fernseher angezeigt. Jetzt können Sie die Diaschau wie gewohnt (siehe *Seite 237*) starten.

Steuerung der Präsentation über die Fernsehfernbedienung

Wenn Sie einen HDMI-CEC-kompatiblen Fernseher besitzen, können Sie die Bildpräsentation mit der normalen Fernbedienung Ihres Fernsehers steuern:

1 Rufen Sie dazu mit `MENU` das Kameramenü auf und scrollen Sie zur zweiten Registerkarte des *Wiedergabe*-Menüs.

2 Wählen Sie dort den letzten Eintrag *Strg über HDMI* und dort die Option *Aktivieren*.

Mit dieser Option lässt sich die Diaschau am entsprechend kompatiblen Fernseher bequem aus dem Sessel über die Fernbedienung steuern.

Sterne-Bewertungen für die Fotos vergeben

Sehr praktisch, um Ordnung in der wachsenden Bilderflut zu halten, ist die Bewertungsfunktion der EOS M, mit der Sie den einzelnen Bildern, wie Sie es vielleicht aus dem Windows-Explorer gewohnt sind, bis zu fünf Sterne zuweisen. Sehr nützlich ist die Vergabe von Sternen auch in Verbindung mit der Funktion *Bildsprung* oder bei der automatischen Präsentation in Form einer Diaschau: So lässt sich die Anzeige der Bilder einfach auf die gewünschte Sternanzahl beschränken.

▶ *Die Bewertungsfunktion hilft dabei, die Bilder auf der Speicherkarte zu ordnen.*

So bewerten Sie ein Foto mit Sternen:

1 Drücken Sie MENU und wählen Sie im *Wiedergabe-Menü* die Funktion *Bewertung*.

2 Blättern Sie in der Einzelbildwiedergabe nun wie gewohnt zu dem Bild, das Sie mit Sternen bewerten wollen.

Um verschiedene Bilder besser miteinander zu vergleichen, können Sie in eine Übersicht mit drei Bildminiaturen nebeneinander wechseln. Berühren Sie den LCD-Monitor dazu mit zwei gespreizten Fingern und ziehen Sie sie zusammen.

Die Möglichkeiten der Bildwiedergabe

Sie können für jedes Bild keinen oder einen bis fünf Sterne vergeben.

3 Drücken Sie ↑/↓-Wahlrad, um die gewünschte Sterneanzahl einzustellen.

4 Wiederholen Sie die Schritte 2 und 3, um weitere Fotos mit Sternen zu bewerten.

5 Haben Sie die Bewertung Ihres bzw. Ihrer Fotos abgeschlossen, kehren Sie mit MENU zurück ins Kameramenü.

Kapitel 9
Bildbearbeitung in der Kamera und Fotodirektdruck

Nachträglich einen Effektfilter auf das Bild anwenden oder die besten Aufnahmen sofort ausdrucken? In diesem Kapitel lesen Sie, wie sich das mit der EOS M ganz bequem erledigen lässt, ohne dass Sie dafür den PC einzuschalten brauchen.

Kreativfilter

Die EOS M bietet sieben sogenannte Kreativfilter (*Körnigkeit S/W*, *Weichzeichner*, *Fischaugeneffekt*, *Ölgemälde-Effekt*, *Aquarell-Effekt*, *Spielzeugkamera-Effekt* und *Miniatureffekt*), die Sie entweder gleich bei der Aufnahme oder aber nachträglich über das *Wiedergabe*-Menü auf ein zuvor aufgenommenes Foto anwenden können.

Wenn Sie schon beim Fotografieren mit den Kreativfiltern experimentieren und das Bildergebnis vor der Aufnahme auf dem Monitor begutachten möchten, gehen Sie wie folgt vor:

1 Drehen Sie das Moduswahlrad auf der Kameraoberseite in die Position für Standbildaufnahmen und schalten Sie die Kamera ein.

➡ *Die Kreativfilter stehen bei der Aufnahme nur in bestimmten Belichtungsprogrammen und bei der Speicherung im JPEG-Format zur Verfügung.*

2 Drücken Sie die INFO.-Taste, um den entsprechenden Schnelleinstellungsbildschirm anzuzeigen. Wählen Sie als Aufnahmeprogramm z. B. die Zeitautomatik (*Av*) und stellen Sie eine der JPEG-Bildqualitäten *L*, *M*, *S1*, *S2* oder *S3* ein.

3 Berühren Sie nun einmal leicht den Auslöser, um den Bildschirm zu schließen, und drücken Sie die Q/SET - Taste für den nächsten Einstellungsbildschirm.

4 Tippen Sie auf das Feld *Kreativfilter* mit den zwei Kreisen unten am linken Bildschirmrand. In der unteren Zeile werden nun die Symbole der zur Verfügung stehenden Filter angezeigt.

KREATIVFILTER

◨ Während der Aufnahme können Sie die Kreativ-filter mit einem Fingertipp auswählen und bekommen sofort einen Eindruck von der Bildwirkung.

5 Wählen Sie den gewünschten Filter durch einen Fingertipp aus. Sofort wird der Filter angewendet, und der Monitor zeigt, wie Ihr Foto mit dem angewendeten Kreativfilter aussieht.

6 Mit Ausnahme des Miniatureffekts können Sie bei allen anderen Kreativfiltern die Stärke des Effekts in drei Stufen einstellen. Tippen Sie dazu zunächst auf das unterste Symbolfeld mit den drei Balken am linken Rand und dann unten auf einen der drei Balken. Alternativ können Sie die Filterstärke auch mit dem Wahlrad ändern.

7 Sobald Sie nun den Auslöser vollständig durchdrücken, wird der in Schritt 5 eingestellte Filter in der gewünschten Stärke automatisch auf das Foto angewendet.

◨ Um wieder normal zu fotografieren, müssen Sie den Kreativfilter im Q/SET-Einstellungsbild-schirm deaktivieren.

8 Der Kreativfilter bleibt auch nach dem Ausschalten der EOS M aktiviert. Wollen Sie wieder Aufnahmen ohne Effektfilter machen, so rufen Sie den Schnelleinstel-lungsbildschirm mit der Q/SET -Taste auf, tippen auf das Kreativfilter-Symbol und wählen die Option *Aus*.

245

Für die Anwendung der Filter bereits bei der Aufnahme gelten einige Einschränkungen. So lassen sich Kreativfilter nicht bei der *Automatischen Motiverkennung* sowie den Aufnahmeprogrammen *Nachtaufnahme ohne Stativ*, *HDR-Gegenlicht* sowie bei Videoaufnahmen nutzen. Ebenfalls nicht zur Verfügung stehen die Kreativfilter bei Aufnahmen im RAW-Format bzw. der kombinierten Speicherung von RAW und JPEG (RAW+L).

Einfacher und flexibler ist es daher in der Praxis, wenn Sie wie gewohnt fotografieren und die Kreativfilter hinterher über das *Wiedergabe*-Menü anwenden. Dabei bleibt das Originalbild stets unverändert, denn das Foto mit dem Filtereffekt wird als neue Datei abgespeichert.

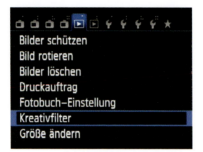

▶ *Nachträglich können Sie die Bilder über das Wiedergabe-Menü anwenden.*

1 Rufen Sie das Kameramenü mit [MENU] auf, navigieren Sie zur ersten Registerkarte des *Wiedergabe*-Menüs und rufen Sie den Menüpunkt *Kreativfilter* mit der [Q/SET]-Taste auf.

2 Wählen Sie nun in der Einzelbildanzeige das Bild, das per Kreativfilter verfremdet werden soll.

▶ *Die sieben zur Verfügung stehenden Kreativfilter werden durch das jeweilige Symbol am unteren Bildschirmrand ausgewählt.*

KREATIVFILTER

3 Die Symbole am unteren Bildschirmrand stehen für die einzelnen Kreativfilter. Tippen Sie auf das entsprechende Symbol oder markieren Sie per ←/→ -WAHLRAD den gewünschten Filtereffekt und rufen Sie ihn mit der Q/SET -Taste auf. Im gezeigten Beispiel habe ich mich für den *Miniatureffekt* entschieden.

Nach der Auswahl eines Filters können Sie die Stärke des Effekts ändern oder weitere Einstellungen vornehmen.

4 Der Filter wird umgehend auf das Bild angewendet, und Sie können das Ergebnis direkt auf dem Kameramonitor überprüfen.

◀ *Der weiße Rahmen zeigt den Schärfebereich an.*

5 Der Miniatureffekt beruht im Wesentlichen auf einem ausgeprägten Schärfeverlauf. Im nächsten Schritt können Sie daher den Bereich festlegen, der scharf abgebildet werden soll. Er wird auf dem Bildschirm als weißer Rahmen angezeigt.

◀ *Sie haben die Wahl zwischen einem horizontalen oder einem vertikalen Schärfeverlauf.*

6 Drücken Sie gegebenenfalls die Info. -Taste, um den Schärfebereich bei Bedarf um 90° zu drehen.

247

➡ *Mit dem Wahlrad bewegen Sie den Schärfebereich an die gewünschte Position.*

7   Verschieben Sie nun den Schärfebereich. Das geht entweder direkt über den Touchscreen oder drücken Sie die entsprechende Taste am Wahlrad, um den Rahmen nach links, rechts, oben oder unten zu verschieben.

8   Drücken Sie die Q/SET -Taste, um den Filter anzuwenden.

➡ *Nach einem weiteren Dialog wird die neue Bilddatei abgespeichert.*

9   Bestätigen Sie den folgenden Dialog *Speichern als neue Datei* mit *OK*.

➡ *Das Bild mit angewendetem Kreativfilter wird als neue Datei abgespeichert.*

KREATIVFILTER

10 Das Bild wird abgespeichert und die neue Dateinummer angezeigt. Mit *OK* gelangen Sie zurück zum ursprünglichen Bild und können, wenn Sie das möchten, neue Filter ausprobieren und anwenden.

11 Mit einem leichten Druck auf den Auslöser beenden Sie das Kameramenü, und die EOS M ist wieder aufnahmebereit für neue Fotos.

⬆ *Der Miniatureffekt beruht auf der geringen Schärfentiefe im Nahbereich: Je kleiner das fotografierte Objekt, desto kleiner wird der Bereich, der sich scharf abbilden lässt. Der Kreativfilter wendet daher einen charakteristischen Schärfeverlauf auf das Bild an, und beim Betrachten assoziiert unser Gehirn durch den geringen Schärfebereich automatisch eine geringe Größe, und ganz normale Aufnahmen wirken dann wie eine Spielzeuglandschaft.*

Die Wirkung der übrigen Kreativfilter in der Übersicht

▶ Der Filter Körnigkeit S/W erzeugt ein körniges Schwarz-Weiß-Bild mit sehr harter Gradation. Durch Anpassen des Kontrastes können Sie die Wirkung des Schwarz-Weiß-Effekts ändern.

▶ Der Weichzeichner verleiht dem Foto ein weiches Aussehen und eignet sich am ehesten für Porträtaufnahmen, die Sie besonders sanft aussehen lassen wollen. Der Unschärfegrad lässt sich in drei Stufen einstellen.

KREATIVFILTER

◀ Der Fischaugeneffekt sorgt für sehr spektakuläre, teils skurrile Ergebnisse und verpasst dem Ausgangsfoto eine starke tonnenförmige Verzeichnung, die aussieht, als wäre es mit einem Fischaugenobjektiv aufgenommen.

◀ Der Kreativfilter Ölgemälde lässt das Foto wie ein plastisches Ölgemälde wirken. Sie können dabei Kontrast und Sättigung einstellen.

Bildbearbeitung in der Kamera und Fotodirektdruck

➡ Der Aquarell-Effekt erzeugt ein sehr helles Endergebnis mit zarter Farbgebung, wobei Sie die Farbdichte einstellen können. Der Filter eignet sich in der Regel am besten für helle Motive. Bei sehr dunklen Fotos oder Nachtaufnahmen tritt dagegen oft sehr starkes Bildrauschen unangenehm in Erscheinung.

➡ Mit dem Filter Spielzeugkamera bekommen Sie einen Retro-Effekt im beliebten Instagramm-Stil mit einer verfälschten Farbgebung und stark abgedunkelten Ecken, als wäre das Foto mit einer einfachen Plastikkamera aufgenommen. Statt der Effektstärke können Sie bei diesem Filter die Farbgebung zwischen kalt, warm und Standard beeinflussen.

Nachträglich die Größe ändern

Sie können im Kameramenü nachträglich die Bildgröße ändern, um die Pixelzahl zu reduzieren, und das Ergebnis als neues Bild abspeichern. Das ist z. B. hilfreich, wenn Sie im Urlaub die Bilder in der vollen Auflösung aufnehmen, aber zwischendurch Freunde und Familie mit den schönsten Aufnahmen per E-Mail aus dem Internetcafé grüßen wollen und keinen Laptop für die Bildbearbeitung mitschleppen möchten. Eine Größenänderung über das *Wiedergabe*-Menü ist nur bei Fotos im JPEG-Format in den Größen L, M, S1 und S2 möglich.

RAW-Fotos und JPEG-S3-Bilder können mit der EOS M nicht verkleinert werden.

So verkleinern Sie ein Foto nachträglich mit der EOS M:

1 Rufen Sie mit MENU das Kameramenü auf und navigieren Sie zur ersten Registerkarte des *Wiedergabe*-Menüs.

◀ Die Funktion zur Größenänderung finden Sie im Wiedergabe-Menü.

2 Markieren Sie den Eintrag *Größe ändern* und drücken Sie die Q/SET -Taste.

3 Wischen Sie mit einem Finger über den Touchscreen, bis das entsprechende Bild angezeigt wird, und drücken Sie die *Q/SET*-Taste.

◀ Je nach Ausgangsgröße bietet Ihnen die EOS M verschiedene Zielgrößen an.

4 Die zur Verfügung stehenden Zielgrößen werden am unteren Bildschirmrand über einzelne Kästen angezeigt. Tippen Sie auf die gewünschte Bildgröße oder wählen Sie sie mit ←/→-WAHLRAD aus und bestätigen Sie mit der Q/SET-Taste.

5 Auf dem folgenden Bildschirm informiert Sie die EOS M über den Ordner und die neue Dateinummer für das verkleinerte Foto. Schließen Sie ihn mit *OK*. Die Kamera kehrt in die Einzelbildanzeige zurück, und Sie können bei Bedarf weitere Fotos verkleinern.

> *Als Zielgröße sind nur kleinere Formate möglich. Eine nachträgliche Vergrößerung ist nicht möglich.*

Ursprüngliche Bildgröße	verfügbare Zielgrößen	M	S1	S2	S3
L		+	+	+	+
M			+	+	+
S1				+	+
S2					+
S3					

Während der Bildanzeige erreichen Sie die Funktion zur Größenänderung auch über den Q/SET-Schnelleinstellungsbildschirm.

Fotos direkt drucken

Der Computer gehört zur digitalen Fotografie wie frischer Parmesan auf Spaghetti. Sicherlich besitzen Sie daher auch einen PC und werden diesen in den meisten Fällen auch nutzen, um Fotos zu betrachten, zu verbessern oder auszudrucken.

Falls Sie aber keinen PC besitzen oder mal schnell ein Foto ausdrucken möchten, ohne den PC hochzufahren, können Sie mit der EOS M dennoch Fotos ausdrucken.

Alles, was Sie dazu benötigen, ist ein Drucker, der den Pict-Bridge-Standard für den Fotodirektdruck unterstützt:

1 Stellen Sie zunächst sicher, dass sowohl Kamera als auch Drucker ausgeschaltet sind.

2 Klappen Sie die Abdeckung an der linken Kameraseite der EOS M auf, um die Schnittstellen freizulegen, und stecken Sie das mitgelieferte Kabel in die unterste Buchse mit der Aufschrift *A/V Out Digital*.

3 Verbinden Sie den USB-Stecker am anderen Kabelende mit dem entsprechenden USB-PictBridge-Anschluss am Drucker.

4 Schalten Sie den Drucker ein.

5 Betätigen Sie den ON/OFF -Schalter auf der Kameraoberseite, um die EOS M einzuschalten.

Der PictBridge-Standard erlaubt das Ausdrucken der Fotos unabhängig von einem Computer. Dazu können Sie die EOS M direkt mit einem USB-Kabel an entsprechend kompatible Drucker anschließen.

6 Drücken Sie nun die *Wiedergabe*-Taste auf der Kamerarückseite. Auf dem Kameramonitor wird das letzte aufgenommene Foto in der Einzelbildanzeige angezeigt, und sobald sich die Kamera erfolgreich mit dem Drucker verbunden hat, wird links oben das PictBridge-Symbol eingeblendet.

7 Navigieren Sie nun wie von der Bildwiedergabe gewohnt durch Wischen über den Touchscreen oder mit dem Wahlrad durch die aufgenommenen Fotos auf der Speicherkarte und rufen Sie so das zu druckende Foto auf.

BILDBEARBEITUNG IN DER KAMERA UND FOTODIREKTDRUCK

➡ *Das PictBridge-Symbol oben links signalisiert die erfolgreiche Verbindung von Kamera und Drucker.*

8 Öffnen Sie dann mit der Q/SET -Taste den Bildschirm für die Druckeinstellungen.

➡ *Der PictBridge-Direktdruck wird vollständig über den Kameramonitor gesteuert. Die zur Verfügung stehenden Optionen auf dem Bildschirm für die Druckeinstellungen können sich von Drucker zu Drucker unterscheiden. Nähere Informationen dazu finden Sie in der Bedienungsanleitung Ihres Druckers.*

1 *Vorschaubild*
2 *Druckeffekte festlegen*
3 *Einbelichtung von Datum und/oder Dateinummer ein-/bzw. abschalten*
4 *Anzahl der Kopien festlegen*
5 *Bildausschnitt anpassen*
6 *Papiergröße, Papierart und Saitenlayout festlegen*
7 *Anzeige der aktuellen Einstellungen für Papiergröße, Papierart und Seitenlayout*
8 *Druckvorgang abbrechen*
9 *Druckvorgang starten*

➡ *Legen Sie zuerst den Druckeffekt fest.*

9 Markieren Sie zunächst den obersten Eintrag *Druckeffekte* und öffnen Sie das Untermenü mit der Q/SET-Taste. Bei Bedarf können Sie hier zwischen verschiedenen automatischen Bildoptimierungen für den Ausdruck wählen. Die Auswirkung der Korrekturen wird auch in der Bildminiatur angezeigt. Zur Verfügung stehen z. B. die folgenden Einstellungen:

◄ *Es stehen verschiedene automatische Korrekturen zur Auswahl.*

Ein: Anhand der im Bild gespeicherten EXIF-Informationen werden automatische Korrekturen vorgenommen.

Aus: Es finden keine automatischen Korrekturen statt.

Lebendig: Das Foto wird mit erhöhter Sättigung gedruckt. Dabei werden insbesondere die Blau- und Grüntöne verstärkt. Diese Voreinstellung eignet sich daher insbesondere für den brillanten Ausdruck von Landschaftsaufnahmen.

NR: Mit dieser Option wird das Bildrauschen reduziert, das z. B. bei Aufnahmen mit hohen ISO-Werten oder bei langen Belichtungszeiten auftritt.

Wenn das Symbol *Info.* hell aufleuchtet, können Sie mit der Info.-Taste einen weiteren Bildschirm aufrufen und die Druckeffekte individuell anpassen, z. B. die Helligkeit erhöhen oder verringern oder eine automatische Korrektur von roten Augen bei Blitzaufnahmen einstellen.

◄ *Auf Wunsch lassen sich verschiedene Zusatzinformationen mit dem Foto drucken.*

10 Wählen Sie nun bei Bedarf die Einbelichtung von Aufnahmedatum und Dateinummer, wenn Sie diese zusammen mit dem Foto ausdrucken wollen. Markieren Sie die gewünschte Einstellung mit der Q/SET -Taste.

▶ *Sie können das Foto auch mehrmals ausdrucken.*

11 Stellen Sie im nächsten Feld die Anzahl der Kopien ein, wenn Sie mehr als einen Abzug vom ausgewählten Foto wünschen.

12 Wenn Sie nicht das gesamte Foto drucken möchten, können Sie das Foto über den Menüeintrag *Ausschnitt* zuschneiden, um nur einen bestimmten Bildbereich zu drucken.

▶ *Sie können auch nur einen Ausschnitt des aktuellen Fotos drucken.*

Es wird nur der Bildbereich innerhalb des angezeigten Rahmens gedruckt. Tippen Sie auf den Touchscreen der EOS M und ziehen bzw. spreizen Sie zwei Finger, um den Rahmen auf die gewünschte Größe einzustellen.

Ziehen Sie den Rahmen dann mit einem Finger auf dem Touchscreen an die gewünschte Stelle. Alternativ können Sie den Rahmen auch durch Drücken der entsprechenden Taste am Wahlrad verschieben.

Drücken Sie die INFO.-Taste, wenn Sie zwischen der vertikalen und horizontalen Ausrichtung des Positionsrahmens wechseln wollen, um eine Quer- oder Hochformataufnahme zu drucken.

Fällt Ihnen beim Drucken auf, dass die Kamera während der Aufnahme nicht ganz gerade ausgerichtet war (z. B. ein schiefer Horizont bei Landschaftsaufnahmen), können Sie die Ausrichtung des Fotos durch Drehen am Wahlrad in Schritten von 0,5° um bis zu +-10° drehen.

Drücken Sie die Q/SET-Taste, um das Zuschneiden des Fotos zu beenden, wenn Sie mit dem getroffenen Ausschnitt zufrieden sind. Die Kamera kehrt anschließend wieder zum Bildschirm für die Druckeinstellungen zurück. Die Bildminiatur oben links zeigt nun nur noch den zu druckenden Ausschnitt an.

◀ *Im Menüpunkt Papierauswahl „verstecken" sich verschiedene Einstellungen zur Papierart und -größe sowie dem Seitenlayout.*

13 Treffen Sie nun als letzten Schritt die passenden Einstellungen im Abschnitt *Papierauswahl*.

▶ *Es werden unterschiedliche Papierformate zur Auswahl angeboten.*

1. Treffen Sie die Auswahl der *Papiergröße* entsprechend des Fotopapiers, das Sie in Ihren Drucker eingelegt haben.

▶ *Wählen Sie die Papierart entsprechend des von Ihnen verwendeten (Foto-)Papiers.*

2. Stellen Sie auf dem folgenden Bildschirm die passende *Papierart* ein.

▶ *Der Bildschirm Seitenlayout bietet verschiedene Vorgaben, mit denen Sie das Foto mehrmals in verkleinerter Form auf ein Blatt Fotopapier drucken oder den Fotodruck um Zusatzinformationen ergänzen können.*

3. Wählen Sie abschließend das gewünschte *Seitenlayout*. Zur Auswahl stehen z. B.:
   - *Rand:* Es wird ein weißer Rand um das Foto gedruckt.

- *Mit Rand i:* Das Foto wird mit einem Rand gedruckt. Auf den Rand werden verschiedene Aufnahmeinformationen aus den EXIF-Daten (Kameraname, Objektivbezeichnung, Aufnahmemodus, Verschlusszeit, Blende, ISO-Wert & Weißabgleich) eingedruckt.
- *Randlos:* Das Foto wird formatfüllend ohne weißen Rand ausgedruckt.
- *xx-fach* Das Bild wird in der entsprechenden Anzahl auf den Fotopapierbogen gedruckt.

Sind alle Voreinstellungen getroffen, kann das Foto ausgedruckt werden.

14 Starten Sie den Druckvorgang über das Feld *Drucken* und bestätigen Sie den folgenden Bildschirm mit *OK*.

Je nach Dateigröße dauert es einen Moment, bis der Druckvorgang gestartet wird. Mit der Stopp-Bedienfläche können Sie den aktuellen Druckvorgang jederzeit abbrechen.

15 Nachdem das Foto gedruckt wurde, kehrt die Kamera in die Bildanzeige zurück, und Sie können mit dem Ausdruck weiterer Bilder fortfahren. Sind Sie mit dem Drucken fertig, so schalten Sie zuerst die EOS M und dann den Drucker aus, bevor Sie das Kabel abziehen.

Fassen Sie das Kabel beim Abziehen immer am Stecker und nicht am Kabel an!

Einen Druckauftrag für mehrere Fotos anlegen

Die Funktion *Druckauftrag* im *Wiedergabe*-Menü bietet sich immer dann an, wenn Sie mehr als nur ein Foto ausdrucken möchten. Dabei wird ein digitaler Druckauftrag nach dem DPOF-Standard (Abkürzung für **D**igital **P**rint **O**rder **F**ormat) angelegt, der eine Liste mit den zu druckenden Fotos sowie die Anzahl der gewünschten Kopien und weitere Einstellungen, z. B. zum Seitenlayout, enthält.

➡ *Mit dem Druckauftrag lassen sich mehrere Fotos auswählen und in einem Rutsch drucken.*

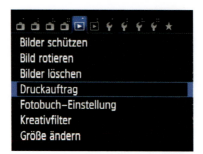

Haben Sie einen DPOF-Druckauftrag zusammengestellt, können Sie ihn entweder auf einem an die Kamera angeschlossenen PictBridge-Drucker ausgeben oder die Speicherkarte z. B. in ein Bestellterminal beim Fotohändler einlegen, um die gewünschten Abzüge ausgeben zu lassen.

1 Wählen Sie den Eintrag *Druckauftrag* auf der ersten Registerkarte des *Wiedergabe*-Menüs und drücken Sie die Q/SET -Taste.

➡ *Mit Setup legen Sie die Druckeinstellungen fest. Sie werden für alle ausgewählten Fotos verwendet. Individuelle Einstellungen für einzelne Fotos können Sie bei einem Druckauftrag dagegen nicht festlegen.*

2 Wählen Sie die Schaltfläche *Setup* unten links, um die erforderlichen Grundeinstellungen für den Druckauftrag vorzunehmen:

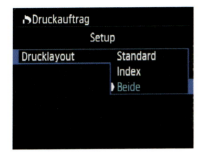

◄ *Sie können die Fotos entweder in normaler Größe ausgeben oder einen Indexprint mit übersichtlichen Bildminiaturen erstellen.*

Wählen Sie auf dem Bildschirm *Drucklayout*, ob die ausgewählten Fotos in normaler Größe jeweils auf ein Blatt Fotopapier oder ob mehrere Miniaturbilder als Übersicht auf ein Blatt Fotopapier gedruckt werden sollen. Sie können auch beide Optionen gemeinsam wählen. Außerdem können Sie wählen, ob *Datum* und *Datei-Nr.* mitgedruckt werden sollen oder nicht.

Mit Indexprints erhalten Sie einen guten Überblick über Ihre Fotosammlung.

3 Drücken Sie die MENU -Taste der EOS M, um zum Bildschirm für den Druckauftrag zurückzukehren.

◄ *Geben Sie für die zu druckenden Fotos die gewünschte Kopienanzahl an.*

4 Wählen Sie nun die Bilder für den Druckauftrag aus. Tippen Sie dazu auf die Schaltfläche *Bildwahl* und blättern Sie mit ←/→ -WAHLRAD durch Ihre Fotos. Legen Sie anschließend mit ↑/Bild↓ -WAHLRAD die ge-

RAW-Fotos und Videoaufnahmen lassen sich nicht für einen Druckauftrag auswählen. Einzelne RAW-Fotos können Sie mit einem PictBridge-Drucker allerdings direkt ausgeben (ab *Seite 254*).

wünschte Anzahl an Abzügen für das aktuell angezeigte Bild fest. Rechts daneben wird auch die Gesamtzahl der Abzüge des Druckauftrags angezeigt.

⬆ *Mit der Schaltfläche Von Ordner können Sie alle Fotos aus einem bestimmten Ordner in den Druckauftrag übernehmen. Alle Aufn wählt den kompletten Fotobestand auf der Speicherkarte für den Druckauftrag aus.*

Fotos in den Indexdruck aufnehmen

Haben Sie bei der Auswahl des Drucklayouts in Schritt 2 den Indexdruck gewählt, können Sie mit der *Q/SET*-Taste das Kontrollkästchen anhaken, um das aktuelle Bild in den Indexdruck zu übernehmen.

⬅ *Bestimmen Sie die Fotos für den Indexprint.*

⮕ *Die Schaltfläche Drucken auf dem Bildschirm für den Druckauftrag wird nur angezeigt, wenn ein kompatibler Drucker angeschlossen ist. Der Druckauftrag wird automatisch auf der Speicherkarte abgelegt und kann von entsprechenden Bestellterminals beim Fotohändler verarbeitet werden.*

Sobald Sie den Druckauftrag fertiggestellt haben, können Sie die Speicherkarte aus der EOS M entnehmen und über ein Fototerminal beim Händler die gewählten Abzüge bestellen. Alternativ können Sie die Kamera wie ab *Seite 254* beschrieben an einen PictBridge-Drucker anschließen und alle gewählten Bilder auf einmal ausdrucken.

Bilder für Fotobücher auswählen

Mit dem Menüpunkt *Fotobuch-Einstellung* im *Wiedergabe-Menü* können Sie bis zu 998 Bilder auswählen. Diese werden dann bei der Übertragung der Fotos auf den Computer mit dem Programm EOS Utility (ab *Seite 287*) automatisch in einen festgelegten Ordner kopiert, um später die Zusammenstellung eines Fotobuches zu erleichtern.

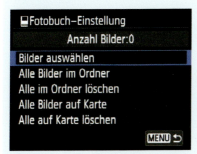

◄ *Mit der Option Fotobuch-Einstellung aus dem Wiedergabe-Menü können Sie schon in der EOS M Fotos zusammenstellen, um diese später am Computer übersichtlich in einem Ordner vorzufinden.*

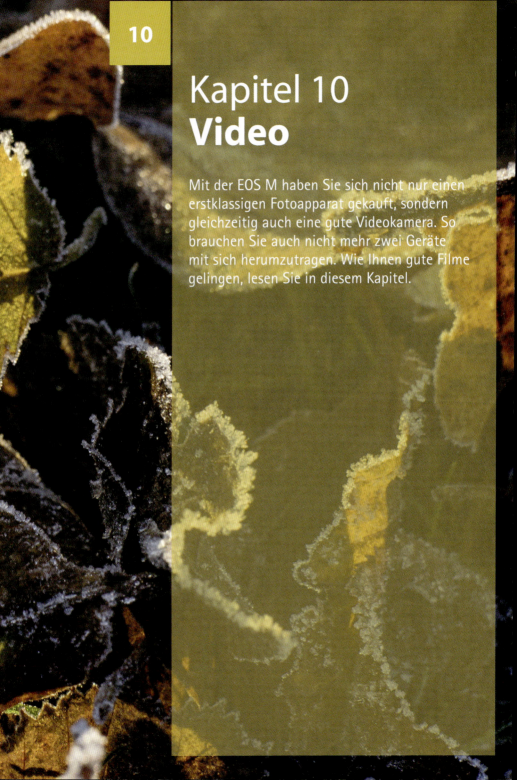

Kapitel 10
Video

Mit der EOS M haben Sie sich nicht nur einen erstklassigen Fotoapparat gekauft, sondern gleichzeitig auch eine gute Videokamera. So brauchen Sie auch nicht mehr zwei Geräte mit sich herumzutragen. Wie Ihnen gute Filme gelingen, lesen Sie in diesem Kapitel.

Die EOS M bietet gegenüber herkömmlichen Camcordern für Videoamateure zwei handfeste Vorteile: Der große Bildsensor erlaubt das kreative Spiel mit der Schärfentiefe, und durch das Objektivbajonett können Sie sogar unterschiedliche Objektive für Ihre Videofilme nutzen.

Wenn Sie die EOS M im Videomodus verwenden, wird für jede Videoaufzeichnung eine eigene Filmdatei mit der Endung .*MOV* angelegt. Aufgrund des Dateisystems ist deren Größe auf 4 GByte beschränkt. Etwa 30 Sekunden bevor die maximal mögliche Dateigröße erreicht ist, beginnt die Anzeige der verstrichenen Aufnahmezeit zu blinken, und es wird automatisch eine neue Videodatei angelegt, sodass Sie ohne Unterbrechung weiterfilmen können.

Unabhängig von der Dateigröße beträgt die maximale Länge einer einzelnen Filmszene 29 Minuten und 59 Sekunden. Beim Erreichen der maximalen Aufnahmedauer wird die Aufzeichnung automatisch beendet. In diesem Fall müssen Sie die *Aufnahme*-Taste erneut betätigen, um eine weitere Filmaufnahme zu starten, die dann in einer neuen Datei gespeichert wird.

Mit einem voll geladenen Akku LP-E12 können Sie bei Raumtemperatur etwa 1 Stunde und 30 Minuten mit der EOS M filmen.

Der erste Film

Die EOS M macht Ihnen das Filmen sehr leicht, und mit der Vollautomatik sind nur wenige Handgriffe bis zum ersten ansehnlichen Video erforderlich:

1 Drehen Sie das Moduswahlrad auf der Kameraoberseite, wie in der nebenstehenden Abbildung zu sehen, auf die Position für den Videomodus.

▶ *Der Schnelleinstellungsbildschirm sieht im Videomodus etwas anders aus, als Sie es von Standbildaufnahmen gewohnt sind.*

Die manuelle Videobelichtung ist für fortgeschrittene Videofilmer gedacht, die Verschlusszeit, Blendenwert und die ISO-Empfindlichkeit frei wählen möchten.

◀ *Im Automatischen Videomodus stellt die EOS M die Belichtung selbstständig ein.*

2 Drücken Sie die `Info.`-Taste, um den Schnelleinstellungsbildschirm zu öffnen. Wenden Sie den Blick in die obere linke Ecke und stellen Sie sicher, dass die *Automatische Videobelichtung* (gekennzeichnet durch ein Filmkamerasymbol) eingestellt ist.

3 Betätigen Sie nun einmal den normalen Fotoauslöser auf der Kameraoberseite, um das Motiv scharf zu stellen.

Die EOS M verfügt über eine separate Start-Stopp-Taste für die Filmaufzeichnung.

4 Drücken Sie die *Aufnahme*-Taste (das ist der rote Knopf oben rechts auf der Kamerarückseite), um die Videoaufzeichnung zu beginnen.

◀ *Während des Filmens werden die meisten zusätzlichen Informationen auf dem Kameramonitor ausgeblendet.*

Sie können während einer laufenden Filmaufnahme sogar ein Foto aufnehmen – im Film ist dann allerdings etwa 1 Sekunde lang ein unbewegtes Bild zu sehen.

5 Während der Videoaufzeichnung wird oben rechts auf dem Bildschirm ein roter Punkt angezeigt. Drücken Sie die *Aufnahme*-Taste erneut, um die Aufzeichnung zu beenden.

Die grundlegenden Einstellungen für Videoaufnahmen

▶ *Wenn das Moduswahlrad auf den Videomodus eingestellt ist, wird das Kameramenü um eine zusätzliche Registerkarte für die Funktionen der Videoaufnahme ergänzt.*

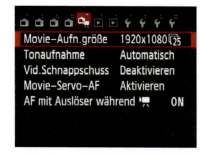

Drehen Sie das Moduswahlrad auf die Position *Videomodus* und rufen Sie mit der MENU -Taste das Kameramenü auf. Navigieren Sie dann zum letzten roten Reiter (gekennzeichnet mit einem Filmkamerasymbol), um die Videofunktionen einzustellen. Die zwei wichtigsten Eigenschaften in Bezug auf Filmaufnahmen finden Sie unter den beiden ersten Menüpunkten *Movie-Aufn.größe* und *Tonaufnahme*.

▶ *Die EOS M bietet Ihnen unterschiedliche Auflösungen für die Movie-Aufnahme.*

Ähnlich wie bei Fotos können und müssen Sie auch für Filmaufnahmen eine Qualitätsstufe einstellen, und zwar auf dem Bildschirm *Movie-Aufn.größe*, wo Sie Bildgröße und Bildrate für Ihre Videoaufnahme festlegen:

- Bei Full-HD-Auflösung (1920 × 1080 Pixel) können Sie wahlweise eine Bildrate von 25 oder 24 Bildern pro Sekunde einstellen.

- Aufnahmen in HD (1280 × 720 Pixel) werden mit einer Bildrate von 50 Bildern pro Sekunde aufgezeichnet. Diese Einstellung bietet sich für Aufnahmen von Motiven an, die sich schnell bewegen, da der Bewegungsablauf so flüssiger aufgezeichnet wird.
- Die kleinste Auflösung (640 × 480 Pixel) eignet sich für Videopräsentationen im Internet.

Welche Einstellung Sie wählen sollten, hängt vor allem davon ab, wie Sie Ihren Film später präsentieren möchten. Für einen YouTube-Clip reicht die geringe Auflösung, den Urlaubs- oder Hochzeitsfilm dagegen sollten Sie lieber in einer der Full-HD-Auflösungen aufzeichnen. Wie bei Fotos gilt der Grundsatz: Eine Vergrößerung der Aufnahme ist nachträglich nicht mehr möglich.

◀ Der Bildschirm zur Lautstärke-Regelung der Tonaufnahme

Das Mikrofon sitzt links vom Zubehörschuh. Achten Sie beim Filmen darauf, dass Sie es nicht mit Ihren Fingern verdecken.

Die EOS M verfügt über ein eingebautes Stereomikrofon. Die Aufnahmelautstärke legen Sie im Menüpunkt Tonaufnahme fest:

In der Einstellung Automatisch passt die Kamera die Aufnahmelautstärke selbstständig an den Geräuschpegel der Umgebung an.

- Mit der Option Manuell können Sie die Lautstärke selbst einstellen. Sobald Sie den Eintrag Manuell gewählt haben, wird der Aufnahmepegel in Weiß dargestellt und lässt sich mit der Q/SET -Taste auswählen. Verschieben Sie dann den Skalenwert und beobachten Sie dabei den Ausschlag des Lautstärkemessers. Übernehmen Sie die neue Pegeleinstellung mit der Q/SET -Taste.

Video

- Deaktivieren Sie die Tonaufnahme, so wird ein Video ohne Ton aufgezeichnet.

> *Standardmäßig ist der Windfilter deaktiviert, da sich der aufgezeichnete Ton so natürlicher anhört. Bei Außenaufnahmen mit sehr starkem Wind können Sie durch Aktivieren des Filters die Windgeräusche reduzieren. Die Option Dämpfung empfiehlt sich bei sehr lauten Tönen, die ansonsten verzerrt wiedergegeben würden.*

Videoschnappschuss-Modus

> *Der Videoschnappschuss-Modus ist standardmäßig ausgeschaltet und muss erst im Kameramenü aktiviert werden.*

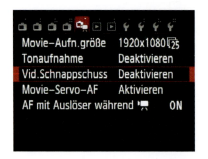

Wenn Sie mit der EOS M hauptsächlich fotografieren, ein paar bewegte Bilder „nebenbei" aber doch irgendwie ganz nett fänden, dann ist vielleicht der Videoschnappschuss-Modus etwas für Sie. In dieser Einstellung werden automatisch kurze Videoclips von 2, 4 oder 8 Sekunden Länge aufgenommen und zu einer Art Videotagebuch zusammengefasst. Die erstellten Clips liegen dann nicht einzeln auf der Speicherkarte, sondern Sie erhalten eine einzige Datei, in der die Filmschnipsel zu einem Kurzfilm verbunden sind.

1 Wählen Sie auf der roten Registerkarte für die Videofunktionen im Kameramenü den Menüpunkt *Vid. Schnappschuss*.

VIDEOSCHNAPPSCHUSS-MODUS

◁ *Der Videoschnappschuss-Modus lässt sich jederzeit an- oder ausschalten.*

2 Wählen Sie auf dem folgenden Bildschirm den Eintrag *Aktivieren* und anschließend *Albumeinstellungen*.

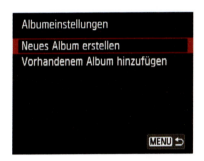

◁ *Sie können ein neues Schnappschuss-Album anlegen oder mit einem bereits begonnenen weitermachen.*

3 Wählen Sie auf dem Bildschirm *Albumeinstellungen* den Eintrag *Neues Album erstellen*, wenn Sie die Videoschnappschuss-Funktion zum ersten Mal nutzen. Später können Sie hier auch ein bereits vorhandenes Album wählen, um den Videoschnappschuss nach einer Unterbrechung fortzusetzen.

◁ *Bestimmen Sie die Länge der einzelnen Filmsequenzen.*

Pro Album sind nur Videoclips mit identischer Dauer möglich.

4 Legen Sie als letzte Voreinstellung die Dauer der einzelnen Clips fest. Möglich sind Filmsequenzen von 2, 4 oder 8 Sek. Länge.

🔸 *Mit OK wird das Schnappschuss-Album angelegt, und Sie können mit dem Filmen beginnen.*

5 Drücken Sie nun 2-mal die MENU-Taste, um das Kameramenü zu verlassen. Auf dem Monitor ist jetzt ein blauer Balken zu sehen, der die Aufnahmelänge eines einzelnen Clips anzeigt.

🔸 *Der blaue Balken symbolisiert die Videoclip-Dauer.*

1 *Aktuellen Clip im ausgewählten Album speichern*

2 *Videoschnappschuss wiedergeben*

3 *Zuvor aufgenommen Filmsequenz ohne Speichern verwerfen*

4 *Neues Album anlegen und aktuellen Clip darin speichern*

6 Betätigen Sie nun die *Aufnahme*-Taste, um den Clip aufzunehmen. Der blaue Balken läuft ab, und nach der in Schritt 4 gewählten Zeitdauer wird die Filmaufnahme automatisch beendet.

7 Im Anschluss erscheint am unteren Rand eine Reihe von Symbolen. Wählen Sie *Zu Album hinzufügen*, um den gerade aufgenommenen Clip im Videoschnappschuss-Album zu speichern. Sie können sich den Videoschnappschuss auch noch einmal anschauen oder die Filmsequenz verwerfen, ohne sie ins Schnappschuss-Album zu übernehmen.

8 Wiederholen Sie die Schritte 6 und 7, um weitere Clips aufzunehmen.

9 Um zur normalen Videoaufzeichnung zurückzukehren, müssen Sie den Videoschnappschuss-Modus beenden (siehe Schritt 2). Sie können den Videoschnappschuss nach einer Unterbrechung jederzeit wieder fortsetzen. Wählen Sie dazu nach dem Aktivieren in Schritt 3 die Albumeinstellung *Vorhandenem Album hinzufügen*.

Besser filmen mit der EOS M

Im Automatikmodus stellt die EOS M eigentlich alle für die Aufnahme relevanten Parameter für die Videoaufnahme automatisch ein. Für noch bessere Ergebnisse lohnt es sich aber, einige Einstellungen gezielt von Hand vorzunehmen.

Den Weißabgleich festlegen

Die EOS M nimmt bei Videoaufnahmen standardmäßig einen automatischen Weißabgleich vor. Das führt zwar grundsätzlich zu einer korrekten Farbwiedergabe, führt aber bei Kameraschwenks zu Problemen, denn schon bei der kleinsten Änderung der Lichtverhältnisse nimmt die Kamera Anpassungen vor – was im Film zu unschönen Farbsprüngen führen kann. Um das zu vermeiden, stellen Sie daher besser vor der Aufnahme den Weißabgleich entsprechend der vorherrschenden Beleuchtung ein, z. B. *Kunstlicht*, wenn Sie in Innenräumen drehen, oder *Tageslicht* bei Außenaufnahmen.

➡ *Der automatische Weißabgleich führt unter ungünstigen Bedingungen zu Farbsprüngen im Film.*

Die Belichtung speichern

Die automatische Belichtung mit der Mehrfeldmessung liefert auch bei Filmaufnahmen sehr zuverlässige Ergebnisse. Es gilt allerdings die gleiche Einschränkung wie beim Weißabgleich: Die Automatik regelt sofort nach, wenn sich die Lichtverhältnisse ändern. Gerade bei Kameraschwenks lassen sich daher plötzliche Helligkeitssprünge beim Filmen mit der automatischen Belichtung kaum vermeiden.

➡ *Der Stern unten links in der Statuszeile zeigt an: Die Automatik ist abgeschaltet. Der Belichtungswert wurde gespeichert und wird unabhängig von den Lichtverhältnissen beibehalten.*

Abhilfe schafft in diesen Fällen die Speicherung des Belichtungswerts. Richten Sie dazu die Kamera zunächst auf einen mittelhellen Bereich und drücken Sie die Sterntaste (← -WAHLRAD), um die gemessene Belichtung zu speichern. Starten Sie nun wie gewohnt die Videoaufnahme. Solange der Stern unten in der Statuszeile auf dem Bildschirm angezeigt wird, wird der gespeicherte Belichtungswert genutzt. Sie erhalten eine Aufnahme mit konstanter Belichtung. Die dunklen Partien erscheinen im Film zwar etwas zu dunkel, das wirkt in der Regel aber weniger störend als eine permanente Anpassung der Helligkeit.

> Verwenden Sie für Ihre Videoaufnahmen wann immer möglich ein Stativ. Zitternde Filme wirken sehr unprofessionell und machen die Zuschauer schnell „seekrank".

Fokussieren während der Videoaufnahme

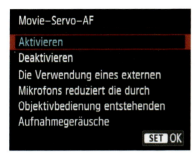

▸ *Wenn der Movie-Servo-AF im Kameramenü deaktiviert ist, müssen Sie für die Scharfstellung während der Filmaufnahme den Auslöser betätigen.*

Falls das Symbol *Servo-AF* nicht auf dem Monitor angezeigt wird, können Sie es mit der `Info.`-Taste einblenden.

In der Standardeinstellung ist der Movie-Servo-AF aktiv, und der Autofokus der EOS M versucht während der Videoaufnahme, die Schärfe permanent nachzuführen. Unabhängig von der Einstellung können Sie aber auch jederzeit neu fokussieren, indem Sie den Kameraauslöser betätigen.

Wollen Sie die Bildschärfe vorübergehend auf einem Motivbereich halten, so können Sie den Servo-AF leicht deaktivieren. Tippen Sie dazu auf das Symbol unten links auf dem Kameramonitor, um die Scharfstellung zu starten bzw. zu stoppen. Bei ausgeschaltetem Autofokus wird der AF-Rahmen grau dargestellt.

Nach der Aufnahme

Die Filmaufnahmen werden auf der Speicherkarte im selben Ordner wie die Fotos gespeichert und durchlaufend nummeriert. Natürlich können Sie die Videodateien nach der Aufnahme auf dem Kameramonitor der EOS M wiedergeben.

> Wenn Sie Ihre Videos nicht weiter am PC nachbearbeiten wollen, können Sie die EOS M auch direkt an einen Fernseher anschließen, um die Filme abzuspielen. Welches Kabel Sie dazu benötigen und wie das geht, lesen Sie in *Kapitel 8* ab *Seite 238*.

1 Starten Sie den Wiedergabemodus mit der blauen *Play*-Taste.

▶ *Eine Filmdatei erkennen Sie in der Einzelbildanzeige an dem Filmkamerasymbol oben links.*

Videoschnappschuss-Alben sind durch dieses Symbol gekennzeichnet.

▶ *In der Übersichtsanzeige erkennen Sie Videos an der Lochung am linken Rand, die an klassisches Filmmaterial erinnert. Filme können in der Übersichtsanzeige aber nicht wiedergegeben werden. Zum Anschauen des Films müssen Sie die* Q/SET *-Taste drücken, um zur Einzelbildanzeige zu wechseln.*

2 Drücken Sie ←/→-Wahlrad, um durch die Fotos und Filme auf der Speicherkarte zu blättern.

▶ *Die Wiedergabeleiste erinnert an einen DVD-Player und bietet Bedienelemente für das Abspielen, eine Zeitlupe sowie für das Vor- und Zurückspulen.*

3 Tippen Sie auf das Feld mit dem Filmkamerasymbol in der oberen linken Ecke. Daraufhin erscheint am unteren Bildrand die Wiedergabeleiste, mit der Sie die Filmwiedergabe starten können. Alternativ können Sie auch direkt auf den *Play*-Pfeil in der Monitormitte tippen.

Nach der Aufnahme

Der eigentliche Clou der Wiedergabeleiste verbirgt sich im Bedienfeld mit der Schere, denn die EOS M erlaubt eine schnelle Nachbearbeitung der Videos noch vor Ort, und Sie können den Start- und Endpunkt des aufgezeichneten Videos in Schritten von einer Sekunde festlegen.

Die Lautstärke des internen Lautsprechers können Sie während der Videowiedergabe durch Drehen am Wahlrad einstellen.

 Durch Antippen des Scherensymbols wechseln Sie zum Film-Bearbeitungsbildschirm.

◁ Legen Sie nun den Start- und Endpunkt des Filmclips neu fest.

◁ Das geschnittene Video kann als separate Datei gespeichert werden, oder Sie können die ursprüngliche Aufnahme überschreiben.

Videoschnitt am Computer

Nur in den seltensten Fällen sind die aufgenommenen Videodateien rundum gelungen. Für ein perfektes Ergebnis müssen mehrere Sequenzen aneinandergefügt werden, oder Sie müssen misslungene Schwenks, Verwackler und ähnliche technische Aufnahmepannen herausschneiden.

Diese Aufgaben übernehmen Videobearbeitungsprogramme, die in den unterschiedlichsten Preiskategorien erhältlich sind. Sowohl bei Windows als auch Mac OS sind mit dem Windows Movie Maker bzw. iMovie zwei Programme für die Aufbereitung des Videomaterials an Bord.

Mit dem ImageBrowser EX, den Sie auf der Software-DVD im Lieferumfang der EOS M finden, lassen sich ebenfalls Filme bearbeiten, und der Funktionsumfang reicht für einfache Aufgaben und erste Experimente bei der Nachbearbeitung von Filmmaterial völlig aus.

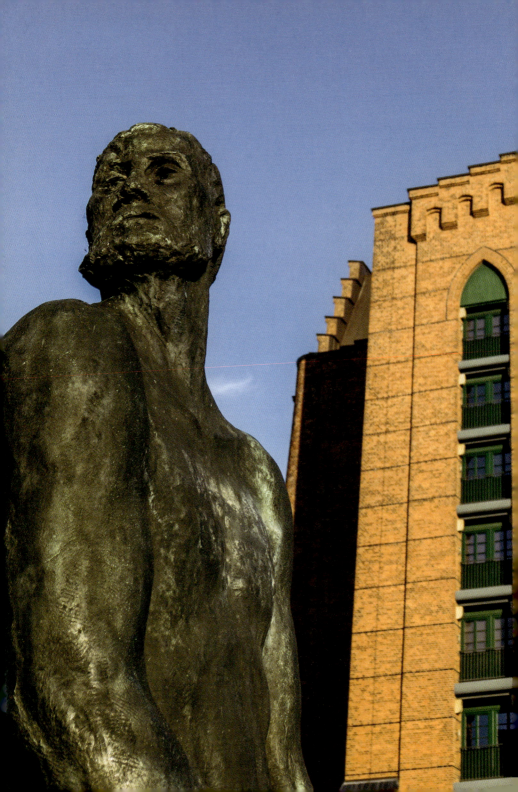

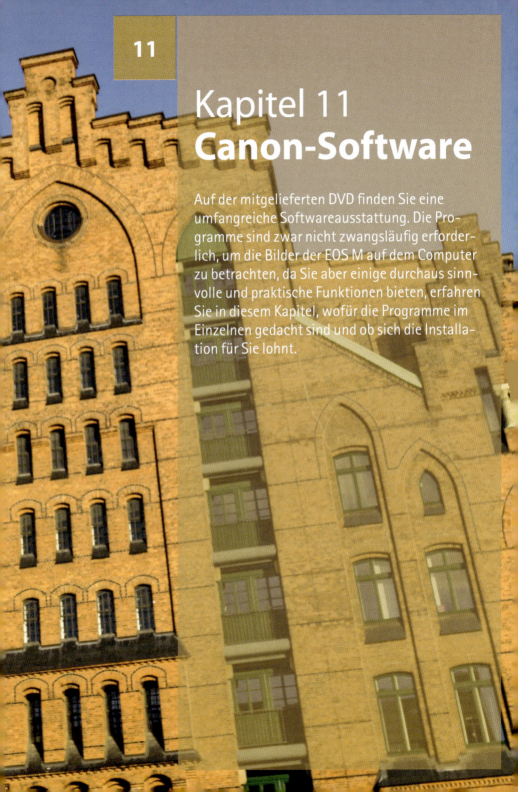

11

Kapitel 11
Canon-Software

Auf der mitgelieferten DVD finden Sie eine umfangreiche Softwareausstattung. Die Programme sind zwar nicht zwangsläufig erforderlich, um die Bilder der EOS M auf dem Computer zu betrachten, da Sie aber einige durchaus sinnvolle und praktische Funktionen bieten, erfahren Sie in diesem Kapitel, wofür die Programme im Einzelnen gedacht sind und ob sich die Installation für Sie lohnt.

CANON-SOFTWARE

Die Programme von der beiliegenden DVD

Auf der DVD mit der Aufschrift *Digital Camera Solution Disk* finden Sie unterschiedliche Programme zum Betrachten, Bearbeiten, Organisieren und Drucken von Bildern, die Sie mit der EOS fotografiert haben. Es gibt dabei jeweils eine Version für die beiden Betriebssysteme Windows und Mac OS.

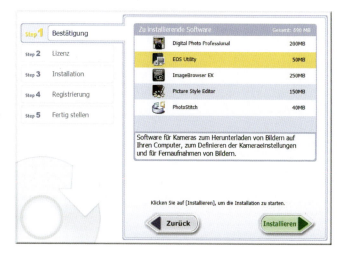

Nach dem Einlegen der DVD ins Laufwerk startet die Installation automatisch. Es müssen nicht alle Programme gemeinsam installiert werden, bei Bedarf können Sie auch nur einzelne Programme zur Installation auswählen.

Die folgenden Programme befinden sich auf der DVD:

- *Digital Photo Professional (DPP)* erlaubt die effiziente Nachbearbeitung von RAW-Fotos, und Sie können bei der Umwandlung diverse Einstellungen wie z. B. Kontrast, Sättigung, Weißabgleich, Farbton, Farbraum oder Objektivkorrekturen steuern, um die optimale Bildqualität zu erzielen.

- *EOS Utility* übernimmt die Kommunikation zwischen Kamera und Computer. Sie können so nicht nur Fotos von der Kamera auf den Rechner kopieren, sondern auch Objektiv-Korrekturprofile oder ein Firmwareupdate vom Computer auf die EOS M überspielen.

- *ImageBrowser EX* ist ein Bildbetrachter, mit dem Sie die Fotos schnell anzeigen und verwalten können. Auch einfache Bearbeitungen wie Ausschnittvergrößerungen oder Kontrast- und Farbanpassungen sind möglich.

- Mit dem *Picture Style Editor* kreieren Sie eigene Bildstile und können sie auf die EOS M kopieren. Bildstile sind Voreinstellungen für Farbstimmung, Kontrast und Sättigung, die schon während des Fotografierens bei der Aufbereitung der Fotos angewendet werden.
- *PhotoStitch* ist ein einfacher Panoramaassistent, der Sie dabei unterstützt, entsprechend fotografierte Einzelbilder zu einem Panorama zu montieren.

ImageBrowser EX

Auf der DVD ist nur eine Basisversion von ImageBrowser EX enthalten. Beim ersten Programmstart werden Sie daher aufgefordert, die Kamera per USB-Kabel an den Computer anzuschließen, und die Update-Funktion lädt die zur EOS M passende Programmversion herunter.

Die Stärke des ImageBrowsers EX liegt vor allem in der schnellen Bildanzeige. Zusätzlich bietet er die Möglichkeit zur Nachbearbeitung von Videoclips.

Nach dem Update auf die Vollversion kann der ImageBrowser EX weit mehr als nur Fotos anzeigen.

ImageBrowser EX bietet diverse Funktionen zum Bearbeiten und Archivieren Ihrer digitalen Bilder. Sie können:

- Fotos von der Speicherkarte auf die Festplatte importieren,
- Fotos aus einem einzelnen Ordner anzeigen,
- Fotos nach dem Aufnahmedatum geordnet anzeigen,

Canon-Software

- die Metadaten mit den Aufnahmeinformationen der Fotos einblenden,
- Fotos bearbeiten (z. B. den Kontrast ändern oder einen Ausschnitt wählen),
- Fotos drucken,
- Fotos ins Internet hochladen (z. B. zu Facebook) und
- Videos bearbeiten und schneiden.

Digital Photo Professional

1	Verzeichnisstruktur ein- oder ausblenden	9	Bildausschnitt festlegen
2	Schnellüberprüfungsfenster öffnen	10	Werkzeugpalette einblenden
3	Alle Fotos an- bzw. abwählen	11	Bildbewertung mit Sternen. wenn Sie bereits in der Kamera Sterne vergeben haben, werden diese hier angezeigt
4	Foto in 90°-Schritten drehen		
5	Metadaten des ausgewählten Fotos anzeigen	12	Verzeichnisstruktur auf der Festplatte
6	Stempelwerkzeug (z.B. zur Staubentfernung)	13	Bildminiaturen der Fotos im aktuellen Ordner
7	Stapelverarbeitung der ausgewählten Fotos starten	14	Statusinformationen zu den angezeigten Fotos
8	Bearbeitungsfenster öffnen		

Das Programm Digital Photo Professional (DPP) übernimmt die Umwandlung von RAW-Dateien in ein digitales Foto. Sie können Helligkeit, Kontrast und Farben anpassen, den Weißabgleich ändern, einen Bildstil anwenden oder Objektivfehler wie z. B. Vignettierungen korrigieren.

Das Programmfenster besteht aus einer Miniaturansicht der Bilder im aktuellen Ordner und der Bedienleiste am oberen Rand. In der Ordneransicht navigieren Sie durch den Bildbestand auf der Festplatte Ihres Computers.

Das eigentliche Herzstück des Programms erreichen Sie über die Schaltfläche *Werkzeugpalette*.

Das Histogramm zeigt die Helligkeitsverteilung Ihres Fotos, und unter den einzelnen Reitern der Werkzeugpalette sind alle Bildbearbeitungsfunktionen für das RAW-Foto versammelt. So können Sie durch Verschieben der Schieberegler leicht Helligkeit, Farbton und Kontrast sowie Sättigung und Schärfe nach Ihren Vorstellungen anpassen, die Stärke der Rauschreduzierung einstellen, den Weißabgleich ändern oder nachträglich die Abbildungsfehler des Objektivs korrigieren.

Digital Photo Professional ist nicht nur ein leistungsfähiger RAW-Konverter, sondern kann auch JPEG-Dateien verarbeiten.

⬆ *In der Werkzeugpalette finden Sie alle Funktionen, um das „digitale Negativ" der RAW-Datei zu entwickeln.*

Eine sehr interessante Funktion bietet die *Info*-Schaltfläche. Dieses Symbol blendet ein Fenster ein, das die mehrfach im Buch angesprochenen EXIF-Metadaten des ausgewählten Fotos anzeigt. Diese Informationen sind besonders hilfreich, wenn Sie Ihr fotografisches Können erweitern möchten, denn so können Sie genau sehen, mit welchen Kameraeinstellungen das jeweilige Foto aufgenommen wurde.

➡ *In den Metadaten sind alle Aufnahmeparameter dokumentiert.*

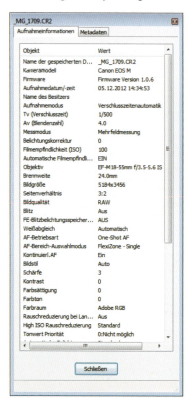

Die *Batch-Verarbeitung* erleichtert den Umgang mit RAW-Dateien ungemein. Anstatt jedes Foto einzeln „anfassen" zu müssen, können Sie mit der Stapelverarbeitung eine größere Anzahl von Bildern in einem Rutsch verarbeiten.

Die Programme von der beiliegenden DVD

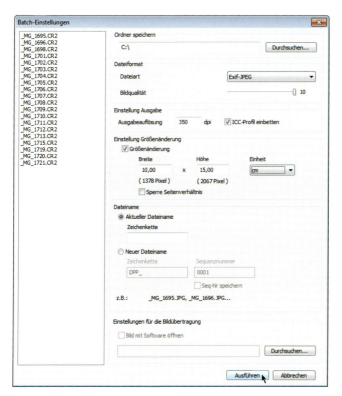

◘ *Mit der Stapelverarbeitung wandeln Sie ohne großen Aufwand mehrere RAW-Fotos mit nur wenigen Mausklicks in das JPEG-Format um und können sie, z. B. für den e-Mail-Versand, verkleinern.*

EOS Utility

Das Programm EOS Utility übernimmt den Datenaustausch zwischen Computer und der EOS M, die Sie über ein USB-Kabel angeschlossen haben.

◘ *Mit dem Programm EOS Utility lassen sich nicht nur die Fotos von der Kamera auf die Festplatte des Computers kopieren, ...*

CANON-SOFTWARE

➦ ... sondern auch diverse Einstellungen der Kamera ändern.

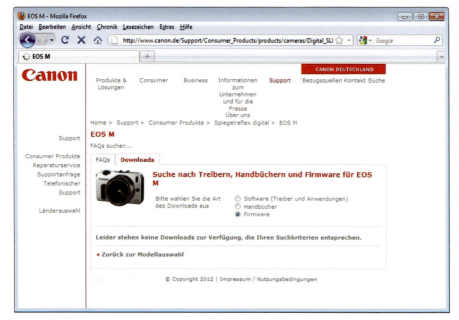

⬆ *Die sogenannte Firmware ist das grundlegende Betriebssystem Ihrer Canon EOS M. Es lohnt sich, von Zeit zu Zeit auf der Canon-Website nachzuschauen, ob ein Update veröffentlicht wurde. Mit EOS Utility übertragen Sie das Update auf Ihre EOS M und bringen die Kamera auf den neuesten Stand.*

Sobald Kamera und Computer verbunden sind, können Sie mit dem Programm EOS Utility:

- die Firmware der EOS M aktualisieren,
- Datum, Uhrzeit und Zeit der Kamera einstellen,
- die in der EOS M gespeicherten Objektivkorrektur-Profile überprüfen, löschen oder neue auf die Kamera übertragen,
- eine mit dem Picture Style Editor angelegte Bildstil-Datei auf die EOS M kopieren,
- eine Hintergrundmusik auf die Speicherkarte übertragen und in der Kamera registrieren, die Sie als Musikuntermalung während einer Diaschau (siehe *Kapitel 8* ab *Seite 234*) abspielen können, und
- Ihre Copyright-Informationen in der Kamera hinterlegen.

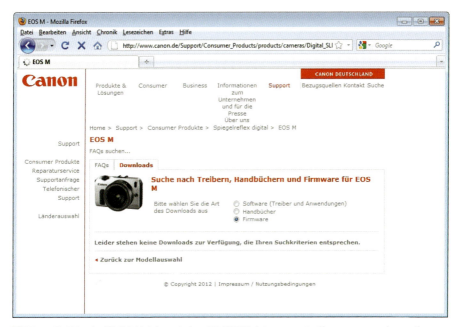

Wenn Sie EF- oder EF-S-Objektive mit dem EF-EOS M-Adapter an der Kamera verwenden wollen, können Sie auch die Korrekturprofile für diese Objektive auf die EOS M überspielen.

Panoramabilder mit PhotoStitch

Die EOS M bietet zwar im Gegensatz zu vielen aktuellen Kompaktkameras keine integrierte Panoramafunktion, mit *PhotoStitch* liefert Canon auf der DVD aber ein tolles kleines Programm, mit dem Sie mehrere Einzelaufnahmen zu einem Panorama zusammensetzen können:

▶ *PhotoStitch kann Panoramen erzeugen und anzeigen.*

1 Starten Sie zunächst *PhotoStitch* mit einem Doppelklick auf das Programmsymbol.

2 Es öffnet sich der *PhotoStitch Launcher*, der Sie fragt, ob Sie den *Viewer* (zur Anzeige bereits erstellter Panoramen) oder *PhotoStitch* zum Zusammenfügen der Einzelaufnahmen starten möchten.

▶ *Laden Sie zunächst die Einzelaufnahmen in PhotoStitch.*

3 Nach dem Klick auf die Schaltfläche für *PhotoStitch* öffnet sich das Programmfenster. Öffnen Sie hier die Dateien, die Sie zu einem Panorama zusammenfügen möchten.

Wenn Sie die Fotos bereits in der richtigen Reihenfolge (d. h. von links nach rechts) fotografiert haben, müssen Sie nichts weiter tun, ansonsten können Sie die Fotos im nächsten Schritt noch umsortieren.

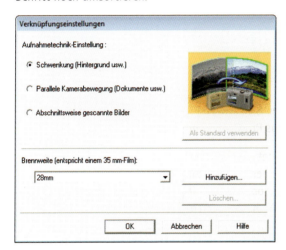

◘ *Die kleine Grafik hilft Ihnen bei der Auswahl der richtigen Voreinstellung für die Perspektive.*

4 Wechseln Sie nun auf die Registerkarte *Verknüpfen*. Mit der Schaltfläche *Verknüpfungseinstellungen* öffnen Sie einen Dialog, in dem Sie die Vorgaben für die Perspektive und die Aufnahmebrennweite eingeben können, damit der Algorithmus die Einzelaufnahmen fehlerfrei zusammenfügen kann.

◘ *Nach etwas Rechenzeit, die von der Leistungsfähigkeit Ihres Computers und der Anzahl der Einzelaufnahmen abhängt, präsentiert Ihnen PhotoStitch eine Vorschau des Panoramas.*

291

5 Beginnen Sie die Panoramamontage über die Schaltfläche *Start*.

6 Sind Sie mit dem Ergebnis zufrieden, so können Sie das fertige Panorama auf der nächsten Registerkarte abspeichern. Mit der Schaltfläche *Bild anpassen* entscheiden Sie, ob die weißen Kanten, die durch die Ausrichtung der Einzelbilder entstanden sind, beschnitten werden sollen oder nicht. Das endgültige Panorama wird in einem grünen Rahmen angezeigt.

Dieses Panorama wurde aus neun Einzelaufnahmen zusammengesetzt und verfügt über die stolze Abmessung von 11400 x 4500 Pixel. Bei bester Druckqualität ließe es sich in einer Größe von 100 cm x 40 cm ausgeben!

Glossar

Glossar

Abbildungsmaßstab – Beschreibt das Größenverhältnis zwischen der tatsächlichen Größe des Objekts und der Abbildungsgröße auf dem *Bildsensor*.

Abblenden – Schließen der Blende (Einstellen einer höheren Blendenzahl). Dadurch fällt weniger Licht auf den *Bildsensor*, und die *Schärfentiefe* dehnt sich aus.

Artefakt – Bildfehler, der bei Aufzeichnung des Bildes, bei der Bearbeitung oder bei der Ausgabe der Fotos entsteht. Artefakte entstehen oft bei zu hoher Dateikomprimierung, z. B. im *JPEG*-Format.

ASA – US-amerikanische Norm aus den 1940er-Jahren zur Angabe der Lichtempfindlichkeit eines Films, in der überarbeiteten Fassung entsprechen die ASA-Werte den heute gebräuchlichen *ISO*-Werten.

Auflagemaß – Abstand zwischen *Bildsensor* und Außenseite des Objektivbajonetts. Das Auflagemaß des EF-M-Bajonetts beträgt 18 mm.

Auflösung – Angabe für die Anzahl der Bildpunkte, aus denen ein digitales Bild aufgebaut ist. Bei Digitalkameras wird die Gesamtzahl der Bildpunkte in *Megapixeln* angegeben. Bei Monitoren ist die Angabe als Bildpunkte pro Inch (ppi = pixel per inch) üblich, z. B. 72 oder 96 ppi. Bei Druckern spricht man von Druckpunkten pro Inch (dpi = dots per inch).

Autofokus – Selbstständiges Scharfstellen des Objektivs auf ein Motiv.

Bajonett – Anschluss an der Kamera, der einen schnellen Wechsel des Objektivs erlaubt. Über diverse Kontakte am Bajonett werden Daten zwischen Kamera und Objektiv übertragen (z. B. Blendenwert und Entfernungseinstellung).

Belichtung – Lichtmenge, die die Oberfläche des Bildsensors erreicht. Sie wird durch das Zusammenspiel von *Blende* und *Belichtungszeit* gesteuert.

Belichtungskorrektur – Anpassen der durch den Belichtungsmesser ermittelten Werte für *Blende* und/oder *Belichtungszeit*, um das Bild heller (Pluskorrektur) oder dunkler (Minuskorrektur) zu machen.

Belichtungsreihe – Serienaufnahme mit unterschiedlichen Belichtungseinstellungen.

Belichtungszeit – Zeitspanne, in der sich die Verschlusslamellen (siehe *Verschluss*) der Kamera öffnen und Licht durch die eingestellte *Blende* auf den Sensor fällt (wird gleichbedeutend mit dem Begriff Verschlusszeit verwendet).

Bildprozessor – Minicomputer auf der Hauptplatine der EOS M, der die Aufbereitung der Daten des *Bildsensors* zu einem Foto erledigt. Zusätzlich ist er auch für Belichtungsmessung, *Autofokus* und *Weißabgleich* zuständig.

Bildrauschen – Bildstörungen aus mehreren Bildpunkten falscher Farbe, die bei hoher ISO-Einstellung vor allem in den dunklen Bildbereichen auftreten.

Bildsensor – Der Bildsensor wandelt das eintreffende Licht in elektrische Ladung um, die anschließend vom *Bildprozessor* zu einem digitalen Bild mit Helligkeits- und Farbinformationen verarbeitet wird.

Bildstabilisator – Technische Einrichtung, um die Kameraverwacklung bei Freihandaufnahmen zu verringern. Canon setzt dabei auf eine beweglich gelagerte Linsengruppe im Objektiv, die der Verwacklungsbewegung entgegenwirkt. Canon-Objektive mit integriertem Bildstabilisator werden durch die Bezeichnung IS (für „Image Stabilizer") gekennzeichnet.

Glossar

Bildwinkel – Beschreibt, welcher Ausschnitt des Motivs vom *Bildsensor* erfasst wird. Ein Weitwinkelobjektiv mit kurzer Brennweite hat einen großen Bildwinkel und bildet einen großen Bereich des Motivs ab. Ein Teleobjektiv mit langer Brennweite ergibt einen engen Bildwinkel und scheint weiter entfernte Motive näher heranzuholen.

Bit – Kleinste Einheit im Binärsystem, die entweder den Wert 0 oder 1 einnehmen kann.

Blende – Öffnung innerhalb des Objektivs, die die Lichtmenge beeinflusst, die auf den Bildsensor fällt. Die Größe wird beschrieben durch die Blendenzahl. Bei weit geöffneter Blende (= niedrige Blendenzahl, z. B: f/2,8) trifft viel Licht auf den Sensor, und das Bild wird heller. Eine geschlossene Blende (= hohe Blendenzahl z. B. f/22) lässt nur wenig Licht passieren, und das Foto wird dunkler. Kleine Blendenöffnungen führen außerdem zu einer größeren *Schärfentiefe*.

Blitzschuh – Zubehörsockel zum Aufstecken externer Blitzgeräte. Kann auch weiteres Zubehör wie z. B. eine Wasserwaage aufnehmen.

Blitzsynchronzeit – Kürzestmögliche *Belichtungszeit* für die Fotografie mit Blitzlicht. Sie beträgt bei der EOS M 1/200 Sek.

Bokeh – Subjektiv-ästhetische Beschreibung der „Unschärfequalität"; wird in erster Linie durch die im Foto dargestellten Zerstreuungskreise bestimmt und hängt vor allem von der verwendeten Blendenform im Objektiv ab (je runder die Blendenöffnung, desto angenehmer wird in der Regel das Bokeh empfunden).

Brennweite – Entfernung vom Linsenmittelpunkt zum Brennpunkt, in dem parallel auf die Linse fallende Lichtstrahlen gebündelt werden. Je kürzer die Brennweite, desto größer wird der erzielbare *Bildwinkel*. Bei kurzen Brennweiten spricht man von Weitwinkel-, bei langen Brennweiten von Teleobjektiven.

Bulb – Spezielle Einstellung für die Belichtungssteuerung bei Langzeitbelichtungen, in der der *Verschluss* so lange geöffnet bleibt, wie der (Fern-)Auslöser gedrückt wird.

Byte – Ein Byte besteht aus 8 *Bit* und bildet die Basis von Größenangaben für Speicher, wie Arbeitsspeicher oder Festplatten bei Computern, aber auch für die Speicherkarten von Digitalkameras.

Chromatische Aberration – Abbildungsfehler der Linse, der dadurch entsteht, dass verschiedenfarbiges Licht unterschiedlich stark gebrochen wird. Ein weißer Lichtstrahl wird dadurch vom Objektiv in ein Lichtbündel aufgefächert, und an den Kanten im Bild werden Farbsäume sichtbar.

Cropfaktor – Siehe *Formatfaktor*

DIN – Alte Kurzform für einen Standard des Deutschen Instituts für Normung e. V. zur Angabe der *Lichtempfindlichkeit* von Filmmaterial, die mit einem numerischen Wert und einer Gradzahl angegeben wird (z. B. 21°DIN).

DSLR – (= „Digital Single Lens Reflex"), zu Deutsch: „einäugige digitale Spiegelreflexkamera", bei der das durch das Objektiv einfallende Licht über einen Spiegel auf den optischen Sucher umgelenkt wird.

Dynamikumfang – Der Dynamikumfang (auch Kontrastumfang) beschreibt den Helligkeitsunterschied zwischen der hellsten und der dunkelsten Stelle eines Motivs. Er wird in Blendenstufen angegeben.

Einbeinstativ – Sonderform eines Stativs mit nur einem Bein. Es wird vor allem beim Fotografieren mit langen Brennweiten eingesetzt, um die Gefahr von Verwacklungen zu vermeiden. Im Vergleich zum Dreibeinstativ erlaubt es einen schnelleren Standortwechsel und insgesamt eine höhere Flexibilität beim Fotografieren.

Glossar

Empfindlichkeit – Siehe *Lichtempfindlichkeit*

EV – Siehe *Lichtwert*

EXIF – Abkürzung für „Exchangeable Image File Format", ein Standard, um diverse Daten zur Kameraeinstellung während der Aufnahme (u. a. Kameramodell, Aufnahmedatum, *Belichtungszeit*, *Blendenzahl*, *Lichtempfindlichkeit*, *Weißabgleich*) in den *Metadaten* einer Bilddatei zu speichern. Vergleiche *IPTC*.

Farbprofil – Bestandteil des Farbmanagements, der die Farbrauminformationen eines Ausgabegeräts oder der Bilddatei enthält und zusammen mit der TIFF- oder JPEG-Datei gespeichert wird.

Farbraum – Die Gesamtheit der darstellbaren Farben einer Kamera, eines Monitors oder eines Ausgabegeräts. Am gebräuchlichsten sind Adobe RGB und sRGB.

Farbtemperatur – Numerischer Ausdruck der Lichtfarbe. Einheit ist Grad Kelvin (K). Warmes rötliches Licht hat eine niedrige Farbtemperatur (Glühbirne z. B. etwa 3200 K), kaltes bläuliches Licht hat eine hohe Farbtemperatur (Sonnenlicht im Hochgebirge z. B. über 10 000 K). Sonniges Tageslicht hat gegen Mittag etwa 5600 K.

Farbtiefe – Anzahl der *Bits*, mit denen eine Farbe beschrieben wird. Die Anzahl der darstellbaren Farben errechnet sich aus der Potenz 2^n (n = Farbtiefe). Bei einer Farbtiefe von 1 Bit können also zwei Farben (Schwarz und Weiß) dargestellt werden, bei 8 Bit 256 Farben, bei 16 Bit 65 536 Farben und bei 24 Bit 16 777 216 Farben.

Firmware – Software der Digitalkamera.

Fisheye-Objektiv – Spezielle Bauform eines Weitwinkelobjektivs mit einer stark nach außen gewölbten Frontlinse und einem Bildwinkel von bis zu 180°, die das Motiv stark verzerrt abbildet.

Formatfaktor – Umrechnungsfaktor, um den Bildwinkel eines Objektivs an einer digitalen Spiegelreflexkamera mit kleinerem Bildsensor im Verhältnis zu einem Objektiv derselben Brennweite an einer analogen Kleinbildkamera zu beschreiben.

Gegenlichtblende – Siehe *Streulichtblende*

GPS-Empfänger – Das Global Positioning System ist ein satellitengestütztes Navigationssystem, das Ende der 1980er-Jahre vom US-Verteidigungsministerium zur weltweiten Positionsbestimmung eingeführt wurde. Mit einem GPS-Empfänger lässt sich automatisch die eigene Position bis auf wenige Meter genau bestimmen.

Graufilter – Sie sind im Unterschied zu Grauverlaufsfiltern auf der gesamten Fläche grau eingefärbt und werden vor das Objektiv geschraubt, um die auf den Sensor fallende Lichtmenge zu verringern. Sie werden eingesetzt, wenn mit besonders langer Belichtungszeit oder weit geöffneter Blende fotografiert werden soll. Häufig wird auch die Bezeichnung „ND-Filter" (=Abkürzung für Neutraldichtefilter) für einen Graufilter verwendet.

Histogramm – Grafische Darstellung der Verteilung dunkler und heller Pixel, die die präzise Beurteilung der *Belichtung* ermöglicht.

Interpolation – Mathematisches Verfahren, um die Farb- und Helligkeitswerte von fehlenden Bildpunkten durch die Analyse der angrenzenden Bildpunkte zu ergänzen, z. B. wenn ein Bild vergrößert wird. Auch beim Verkleinern einer Bilddatei muss interpoliert werden, hier werden allerdings vorhandene Informationen weggelassen.

IPTC – Abkürzung für „International Press and Telecommunications Council", ein Standard, um Zusatzinformationen zum Foto wie Bildunterschrift, Titel und Stichworte in den *Metadaten* einer Bilddatei zu speichern. Vergleiche *EXIF*.

ISO – Internationaler Standard der Internationalen Organisation für Normung zur Angabe der Lichtempfindlichkeit. Hohe Werte entsprechen einer hohen *Lichtempfindlichkeit*.

JPEG – Abkürzung für „Joint Photographic Experts Group", weit verbreitetes Dateiformat, das praktisch von allen Digitalkameras und Bildbearbeitungsprogrammen unterstützt wird (Dateiendung in der Regel „.jpg"). Es nutzt eine verlustbehaftete Komprimierung, um die Fotos mit möglichst geringer Dateigröße zu speichern. Die Kompressionsrate kann an der Kamera (und beim Abspeichern in der Bildbearbeitung) gewählt werden. Je stärker die Komprimierung, desto kleiner wird die Dateigröße, desto sichtbarer allerdings wird der Qualitätsverlust.

Kleinbild – Filmbasiertes Aufnahmeformat mit einer Größe von 36 x 24 mm, das der Leitz-Mitarbeiter Oskar Barnack ursprünglich aus dem 35 mm großen Bildformat des Kinofilms abgeleitet hat.

Kontrast-AF – Spezielles Verfahren für die automatische Scharfstellung, bei der die Entfernung per Kontrastmessung direkt auf dem Bildsensor ermittelt wird. Die Methode arbeitet langsamer als der *Phasenvergleich-AF*.

Kontrastumfang – Siehe *Dynamikumfang*

Kugelkopf – Stativaufsatz zur Ausrichtung der Kamera, der ein Verstellen der Kamera in alle Richtungen mit einem Handgriff ermöglicht.

Leitzahl – Leistungsangabe für Blitzgeräte (normalerweise bezogen auf *ISO* 100). Die Leitzahl geteilt durch die Blendenzahl ergibt die Reichweite in Metern.

Lichtempfindlichkeit – Wird in *ISO* angegeben. Je höher die Lichtempfindlichkeit, desto weniger Licht reicht dem *Bildsensor*, um ein Bild aufzeichnen zu können.

Lichtstärke – Angabe der größtmöglichen Blendenöffnung eines Objektivs. Üblicherweise werden Objektive mit einem kleinsten Blendenwert von f/2,8 und darunter als lichtstark bezeichnet.

Lichtwert – Zahlenwert, der die absolute Lichtmenge für eine korrekte Belichtung in Abhängigkeit von Motivhelligkeit und *Lichtempfindlichkeit* des *Bildsensors* beschreibt. Er wird häufig mit LW oder EV (= „exposure value") abgekürzt. Ein EV von +1 bedeutet die doppelte, ein EV –1 die halbe Lichtmenge.

Makroobjektiv – Spezielles Objektiv mit geringer Naheinstellgrenze, das einen *Abbildungsmaßstab* von mindestens 1:1 erlaubt und für den Nahbereich optimiert ist.

Master-Blitz – Hauptblitz bei der Verwendung mehrerer drahtlos angesteuerter Blitzgeräte (vergleiche *Slave-Blitz*).

Megapixel – Gesamtzahl der Bildpunkte des aufgezeichneten Digitalfotos.

Metadaten – Eine Reihe von Daten, z. B. zu den Kameraeinstellungen während der Aufnahme (*EXIF*) und Informationen zum Bildinhalt (*IPTC*), die zusätzlich zu den eigentlichen Bildinformationen in der Bilddatei gespeichert werden.

Moiré – Streifenförmiges, manchmal auch farbiges Muster, das bei digitalen Bildern durch die Überlagerung zweier ähnlicher Muster in einem bestimmten Winkel entsteht. Um den Moiré-Effekt zu verringern, ist ein sogenannter Anti-Aliasing-Filter vor dem *Bildsensor* angebracht.

Glossar

Nahlinse – Vorsatz für das Objektiv zum Herabsetzen der Naheinstellgrenze für Makroaufnahmen.

ND-Filter – Neutraldichtefilter, siehe *Graufilter*

Phasenvergleich-AF – Verfahren für die automatische Scharfstellung, das in Anlehnung an den Schnittbildindikator einer analogen Spiegelreflexkamera nach dem Prinzip des Phasenvergleichs arbeitet.

Pixel – Kurzwort für „picture element". Der Bildpunkt ist das kleinste Element, aus dem ein Digitalfoto aufgebaut wird.

Polarisationsfilter – Polarisationsfilter (kurz Polfilter genannt) lassen nur das Licht einer bestimmten Schwingungsrichtung passieren. Sie werden eingesetzt, um störende Lichtreflexe an nicht metallischen Oberflächen wie Glas oder Wasser zu beseitigen und gleichzeitig Farbsättigung und Kontrast zu verstärken.

PPI – (= pixel per inch) Einheit für die Auflösung, wird vor allem bei Scannern und Monitoren benutzt, da diese im Gegensatz zu Druckern keine Druckpunkte (dots) ausgeben, sondern nur Pixel (vergleiche *DPI*).

Rauschen – Siehe *Bildrauschen*

Rauschunterdrückung – Bei der kameraseitigen Unterdrückung des *Bildrauschens* werden schon in der Kamera spezielle Algorithmen angewendet, die das Bildrauschen minimieren. Der Vorteil einer nachträglichen Rauschreduzierung in der Bildbearbeitung besteht darin, dass die Stärke der Rauschunterdrückung an die Aufnahme angepasst werden kann.

RAW – Rohdaten, die direkt vom Bildsensor der Kamera stammen, es findet keinerlei Weiterverarbeitung durch die Kameraelektronik statt.

RGB – Farbmodell der additiven Farbmischung mit den Grundfarben Rot (R), Grün (G) und Blau (B), nach dem die meisten Digitalkameras und Monitore die Farben aufzeichnen bzw. darstellen.

Schärfentiefe – Der Motivbereich, innerhalb dessen alle Objekte im Bild hinreichend scharf abgebildet werden. Die Schärfentiefe wächst bei kleinerem *Abbildungsmaßstab* und höherer Blendenzahl (siehe *Blende*).

Sensor – Siehe *Bildsensor*

Synchronzeit – Siehe *Blitzsynchronzeit*

SDHC – Erweiterung des SD-Memory-Card-Standards, der Speicherkapazitäten bis zu 32 GByte erlaubt.

SDXC – Erweiterung des SD-Memory-Card-Standards, der Speicherkapazitäten von theoretisch bis zu 2000 GByte erlaubt.

Skylightfilter – Filter mit hellrosa Färbung zum Beseitigen eines Blaustichs, z. B. bei Aufnahmen im Hochgebirge oder am Meer. Ähnlich wie beim UV-Filter ist der Einsatz eines Skylightfilters in der Digitalfotografie nicht zwingend erforderlich.

Slave-Blitz – Externes Blitzgerät, das durch einen Hauptblitz (den *Master-Blitz*) ausgelöst wird.

Spitzlichter – Damit werden die hellsten Bereiche im Bild bezeichnet.

Streulicht – Unerwünschte Lichtstrahlen, die im Inneren von Objektiv und Kamera diffus reflektiert werden und den Bildkontrast verringern.

Streulichtblende – Die Streulichtblende (oft Sonnenblende oder Gegenlichtblende genannt) wird an das Objektiv angesetzt und verhindert den Eintritt von *Streulicht*, das bei der Aufnahme den Kontrast vermindert. Außerdem bietet sie einen mechanischen Schutz der Frontlinse.

UV-Filter – Filter zum Blockieren des ultravioletten Anteils im Sonnenlicht, um kontrastreichere und schärfere Fotos zu erhalten. Moderne, vergütete Objektive sperren den UV-Anteil des Lichts ausreichend, sodass der Einsatz eines UV-Filters nicht erforderlich ist.

Verschluss – Bauteil in der Digitalkamera, welches das Zeitintervall regelt, in der Licht durch die *Blende* im Objektiv auf den *Bildsensor* fällt.

Verschlusszeit – Siehe *Belichtungszeit*

Verzeichnung – Abbildungsfehler des Objektivs, der eine gekrümmte Wiedergabe gerader Linien verursacht.

Vignettierung – Verdunkelung der Bildecken, die durch den Helligkeitsabfall der schräg einfallenden Randstrahlen verursacht wird.

Weißabgleich – Einstellungsmöglichkeit der Digitalkamera, um in unterschiedlichen Beleuchtungssituationen Farben richtig darzustellen.

Zoomobjektiv – Objektiv mit variabler Brennweite im Gegensatz zu Objektiven mit einer Festbrennweite. Aufgrund der Konstruktion bieten Festbrennweiten in der Regel eine höhere Lichtstärke.

Zoomreflektor – Vorrichtung im Elektronenblitzgerät, um den Abstrahlwinkel des Blitzlichts an die verwendete *Brennweite* des Objektivs anzupassen. Da nur der jeweils benötigte *Bildwinkel* ausgeleuchtet wird, wird so bei längeren Brennweiten eine größere Blitzreichweite möglich.

Zwischenring – Verbindungsstück zwischen Wechselobjektiv und Kameragehäuse, um eine Verlängerung der Bildweite zu erzielen und einen größeren Abbildungsmaßstab in der Makrofotografie zu erhalten.

Index

Symbole
*-Taste 78

A
Abbildungsfehler 146
Abblendtaste 63
Adobe RGB 123
AEB 72
AE-Speicherung) 78
AF-Betrieb 133
AF-Betriebsarten 97
AF-Hilfslicht 103
AF-Rahmen 26
Akku 10
Anzeigedauer der Fotos 131
Aquarell-Effekt 252
Auflagemaß 204
Auflösung 253
Auflösung bei Videoaufnahmen 270
Aufnahmeinformationen einblenden 30
Aufnahmelautstärke 271
Aufnahme-Menü 106
Auslösepriorität 99
Auslöser 26
Autofokusgeschwindigkeit 99
Autofokus, kontinuierlicher 89
Autofokusnachführung 99
Auto Lighting Optimizer 142
Automatische Belichtungsoptimierung 142
Automatische Motiverkennung 26
Automatischer Weißabgleich 121

B
Batch-Verarbeitung 286
Belichtung 47
Belichtungskorrektur 67
Belichtungs-Messwertspeicher 78
Belichtungsreihenautomatik 70
Belichtungsskala 65
Belichtungsspeicherung bei Videoaufnahmen 276
Belichtungszeit 51
Betriebsart 132
Bewegungsunschärfe 52, 89
Bildanzeige drehen 226
Bildanzeige vergrößern 30
Bilder löschen 228
Bilder rotieren 226
Bilder schützen 225
Bildgröße 114
Bildgröße reduzieren 253
Bildrauschen 57, 149
Bildsprung 233
Bildstabilisator 176, 200
Bildstil 124
Bildstil-Voreinstellungen anpassen 128
Blaue Stunde 174, 191
Blende 48
Blendenautomatik 61
Blendenzahl 48
Blitzlicht 158
Bulb-Einstellung 66

C
C.Fn siehe Individualfunktionen
Chromatische Aberration 146
Copyright-Informationen eingeben 135

D
Dateiformat 15
Dateinamen 137
Dateinummerierung ändern 137
Datenstruktur auf der Speicherkarte 137
Digital Camera Solution Disk 282
Digital Photo Professional 284

DPOF 262
Drei-Wege-Neiger 217
Druckauftrag 262
Dunkelbild 154
Dynamikumfang 145

E
EF-M 18-55 199
EF-M 22 202
Einstellungen-Menü 107
Einzelautofokus 97
Einzelbildmodus 132
Einzelmessfeldsteuerung 96
Energiesparfunktionen 130
Ersatzakku 13
EXIF 261
EXIF-Metadaten 135, 286

F
Farbfehler 146
Farbkonstrast 190
Farbmanagement 123
Farbraum 123
Farbstich 120
Farbstimmung 37
Farbtemperaturen 120
Farbwirkung 191
Fehlfokussierung 90
Fernauslöser 217
Filtergewinde 203
Firmware 288
Fischaugeneffekt 251
FlexiZone-Multi 94
FlexiZone-Single 96
Fokussierungszone 94
Fotobuch 265
Fotodruck 254
Fotos bewerten 240
Freihandgrenze 54, 200
Froschperspektive 193
Full HD 270

INDEX

G

Gegenlichtblende siehe
  Streulichtblende
Gesichtserkennung+
  Verfolgung 93
Gitterlinien 175
GP-E2 206
GPS 206
Grauverlaufsfilter 203

H

HDMI-Kabel 238
HDR 45
Helligkeitssprünge 276
High ISO Rauschreduzierung 151
Hilfefunktion 110
Histogramm 79, 232
Hochformat 186
Horizont 175
Hybrid-AF 85

I

ImageBrowser EX 283
Indexprint 263
Individualfunktionen 49, 64
Info.-Schnelleinstellungs-
  bildschirm 109
IR-Fernbedienung 134
ISO Auto-Limit 118
ISO-Automatik 57, 117
ISO-Wert 55
IS siehe Bildstabilisator

J

JPEG fein 114
JPEG-Format 111
JPEG normal 114

K

Kamera autom. aus
  abschalten 131
Kameramenü 106
Kameramonitor automatisch
  abschalten 131
Komprimierung 114
Kontrast, hoher 142

Kontrastmessung 84
Körnigkeit S/W 250
Kreativ-Automatik 34
Kreativfilter 244
Kugelkopf 217

L

Ladedauer 11
Ladegerät 10
Landschaft 41
Landschaftsaufnahmen 174
Langzeitbelichtung
  66, 154, 184
Lautstärke 271
LC-E12 10
LC-E12E 10
Leitzahl 158
Lichtqualität 182
Lichtrichtung 182
Löschen von Fotos 30
LP-E12 10

M

Manuelle Belichtungs-
  steuerung 65
Manueller Weißabgleich 121
Manuelles Fokussieren 99
Manuelles Scharfstellen 99
Maximale Dateigröße 268
Mehrfeldmessung 74
Messfeldwahl, automatische 94
Miniatureffekt 249
Mittenbetonte Messung 76
Motivbereich-Modi 39
Movie-Servo-AF 277
Multi-Shot-Rausch-
  reduzierung 154
My Menu 107

N

Nachtporträt 44
Nahaufnahme 42
Nahaufnahmen 193
ND-Filter siehe siehe Neutraler
  Graufilter
Neutraler Graufilter 203

O

Objektivfehler 146
Objektivfilter 203
Objektivkorrektur-Profile 289
Ölgemälde 251
One-Shot 97
Ordner anlegen 138

P

Pancake-Objektiv 202
Panoramaaufnahmen 177
Panorama erstellen 290
Perspektive 192
Phasenerkennung 84
PhotoStitch 290
PictBridge 255
Picture Style Editor 283
Piepston abstellen 97
Polarisationsfilter 203
Porträt 39
Programmautomatik 59
Programmverschiebung 60

Q

Q/SET-Schnelleinstellungs-
  bildschirm-Taste 109
Qualitätsstufe 114
Querformat 186

R

Rauschreduzierung 44, 149
Rauschreduzierung bei Langzeit-
  belichtung 154
RAW-Format 111
RAW-Konverter 285
RAW und JPEG gemeinsam
  speichern 112
RC-6 134
Reihenaufnahme 132

S

Schärfekontrolle 91
Schärfentiefe 49, 175
Schnellsteinstellungs-
  bildschirm 108
Schutzfilter 203

303

Index

SDHC-Speicherkarte 13
SD-Speicherkarte 13
SDXC-Speicherkarte 13
Seitenverhältnis 117
Selbstauslöser 134
Selbstauslöser/AF-Hilfslicht-
 Leuchte 134
Selektivmessung 76
Sensorreinigung 156
Serienbildgeschwindigkeit 149
Serienbild siehe Reihenaufnahme
Servo AF 98
Shift 60
Sonnenblende siehe Streulicht-
 blende
Sonnenuntergang 176
Speedlite 90 EX 158
Speicherkarte 13
Spielzeugkamera-Effekt 252
Sport 43
Spotmessung 77
sRGB 123
Stapelverarbeitung 286
Start-Stopp-Taste 269
Stativ 215
Staub auf dem Sensor 156
Stepper-Motor-Technologie 198
Stereo-AV-Kabel 238
Sterne-Bewertung 240
STM siehe Stepper-Motor-
 Technologie
Streulichtblende 200
Strom sparen 130

T

Tonaufnahme 271
Tonwert Prioriät 145
Touch-Auslöser 87
Touchscreen 25
Touchscreensteuerung 222

U

Umgebungseffekt 37
Unscharfer Hintergrund 37

V

Vergrößerung 222
Verkleinerung 222
Verschlusszeitautomatik 62
Verschlusszeit siehe Belichtungs-
 zeit
Verwackelung 54
Verwackelungsunschärfe 89
Videobelichtung 269
Videodateien wiedergeben 277
Videomodus 268
Videoschnappschuss 272
Videoschnitt 279, 284
Vignettierung 146
Vogelperspektive 193

W

Wahlrad 25
Weichzeichner 250
Weißabgleich 120
Weißabgleich bei Video-
 aufnahmen 275
Wiedergabe auf einem
 Fernsehgerät 238
Wiedergabe-Menü 106
Wiedergabetaste 222
Windgeräusch 272

Z

Zeitzone 22
Zoomobjektiv 199